AF300007

BIBLIOTHÈQUE D'HORTICULTURE

(ENCYCLOPÉDIE HORTICOLE)

PUBLIÉE SOUS LA DIRECTION DE

M. LE Dr F. HEIM

Professeur agrégé d'Histoire Naturelle à la Faculté de Médecine
de Paris.

Docteur ès sciences,
Membre de la Société Nationale d'Horticulture.

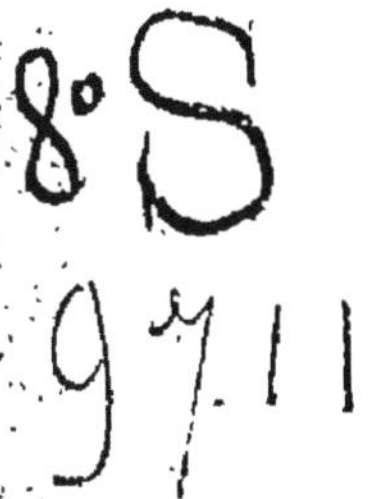
8° S
97.11

LA
CULTURE DU POIRIER

PAR O. OPOIX

Jardinier en chef du jardin du Luxembourg,
Professeur d'Arboriculture,
Membre de la Société nationale d'horticulture de France,
Chevalier du Mérite Agricole.

AVEC 112 FIGURES DANS LE TEXTE

PARIS

OCTAVE DOIN, ÉDITEUR

8, PLACE DE L'ODÉON, 8

—

1896

PRÉFACE

Pour nous rendre aux sollicitations d'un très grand nombre d'auditeurs qui nous font l'honneur de suivre nos cours d'arboriculture fruitière avec tant d'assiduité, nous pensons leur être agréables en publiant d'abord un résumé de tout ce qui a trait au Poirier.

Ce petit traité, écrit sans aucune prétention contient un très grand nombre de notions; mais notre but est surtout de nous faire lire utilement et comprendre par des personnes qui n'ont pas encore étudié l'arboriculture fruitière.

Nous osons espérer aussi que tous les amateurs et jardiniers de profession y trouveront des renseignements précis et des explications pratiques, résultats de l'expérience.

C'est, par ailleurs, la synthèse du cours que nous faisons au jardin du Luxembourg.

Ce petit ouvrage est orné de 112 figures explicatives, destinées principalement à guider les débutants, si enclins au découragement.

En outre, la production fruitière, au point de vue purement commercial, étant à l'ordre du jour, à cause des avantages immenses que notre pays peut en retirer, nous donnons les indications nécessaires pour cultiver le Poirier sous toutes les formes et aux expositions les plus variées, en insistant sur les variétés les meilleures et nous efforçant de démontrer l'utilité de sa culture spéculative au jardin et au verger, en traitant aussi de la culture des Poiriers à cidre sur les voies nationales et départementales.

Nous nous sommes arrêtés à un nombre relativement restreint de variétés de poires, environ cinquante, les plus recommandables comme produit et les plus appréciées par le commerce, faisant remarquer ici que nous visons particulièrement les régions de Paris, de l'Ouest, du Centre, de l'Est et même du Nord de la France, aussi bien pour le plein champ que le long des murs.

Afin de donner plus de clarté, nous avons divisé notre modeste travail en dix parties distinctes :

1. *De l'origine du Poirier, et notions botaniques sur cet arbre.*

2. *Du Poirier en général et des sols favorables à sa culture.*

3. *Des différents engrais qui lui conviennent. —
Création du jardin fruiter. — Plantation.*

4. *Des différents organes de la branche charpentière du Poirier et de leur traitement.*

5. *Des formes diverse à donner au Poirier.*

6. *Du contre-espalier et de la culture du Poirier au verger et sur les routes.*

7. *De la greffe du Poirier.*

8. *Notions pratiques sur les maladies les plus
communes du Poirier.*

9. *De la récolte et de la conservation des fruits.*

10. *Du choix des meilleures variétés.*

Nous désirons vivement que cette étude cons-
ciencieuse puisse rendre des services à l'arboriculture fruitière bien entendue.

Tout en marchant dans la voie que nous ont
tracée nos éminents prédécesseurs, nous avons
cru utile d'apporter dans notre travail quelques
modifications dont les avantages sont constatés
par les résultats obtenus.

Permettez-nous, chers lecteurs, de vous dire
en terminant combien nous sommes heureux de
voir que les démonstations de chacune de nos
leçons sont suivies et mises à profit par nos auditeurs, devenus, je l'ai souvent remarqué avec
une grande satisfaction intime, des amateurs
passionnés.

Prêchant d'exemple, ils répandent autour d'eux le goût de l'arboriculture fruitière. Ils formeront des jardiniers précieux, pour lesquels leurs jardins fruitiers deviendront des champs d'instruction et d'expériences.

Nous terminons en exprimant toute notre gratitude aux amateurs, jardiniers, collègues et amis, qui se font les apôtres de l'arboriculture, cette science si utile, et nous livrons cet essai au public dans l'espoir qu'il sera utile et favorablement accueilli.

Paris, le 3 août 1893.

LA CULTURE DU POIRIER

ORIGINE DU POIRIER

Il est fort difficile d'indiquer, avec précision l'origine du Poirier. En consultant les auteurs qui, dans l'antiquité, se sont occupés d'agriculture ou d'horticulture et en rapprochant leurs opinions, on arrive aux conclusions les plus contradictoires.

La Bible est le premier ouvrage où il est question du Poirier ; elle le signale au temps de David, aux environs de Jérusalem, 1071 ans avant Jésus-Christ. La plupart des traducteurs de l'Écriture sainte sont d'accord sur ce point ; mais il en est quelques-uns qui ont cru comprendre, dans le texte original, qu'il s'agissait là du Mûrier. Cette dernière opinion est vraisemblable, car le Poirier ne s'accommode pas des pays chauds.

Plus tard, le poète Homère nous fait connaître le Poirier, sur les confins de l'Europe dans l'île de Phéacie, actuellement Corfou ; mais la description, trop imagée, le ferait presque prendre pour un oranger, sans la précision du mot employé, qui ne laisse aucun doute : Homère, Théophraste, Dioscoride, mentionnent le Poirier sous le nom de *Ochrai*, *Apios*, *Achras*.

Les Grecs sont, du reste, parmi les peuples anciens, ceux dont les auteurs parlent le plus du Poirier, et l'on présume que ce sont eux qui auraient introduit cet arbre chez leurs voisins les Romains. On peut le supposer en voyant Caton posséder six variétés de poires, dans les jardins de Rome, 200 ans avant notre ère. Un plus grand nombre de variétés semblent avoir été cultivées du temps de Pline. Les peintures murales de Pompéi montrent l'arbre et son fruit.

Pour la Gaule, on peut présumer que les Grecs, auxquels Marseille doit son existence, pourraient fort bien l'y avoir importé. De plus les Romains auraient également pu l'y introduire, ayant été pendant des siècles maîtres de ce pays. Toutefois une chose demeure certaine, c'est que, depuis un temps immémorial, il pousse chez nous, à l'état sauvage. Louis Bosc, ancien professeur de culture au Jardin des Plantes de Paris, l'attestait en 1809, dans son « Nouveau cours d'agriculture ».

Comme on le voit, l'incertitude la plus complète règne sur l'origine du Poirier.

D'après Théophraste (287 ans avant Jésus-Christ), les Grecs possédaient quatre variétés de poires en renom :

La *Myrrha* (la Myrrhe), la *Nardinon* (le Nard); l'*Onychinon* (l'Onyx) ainsi nommé parce qu'elle avait la couleur des ongles (notre Cuisse-Madame) et la *Talentiaion* (la Balance).

Le plus ancien agronome romain, Caton (178 ans avant Jésus-Christ), recommandait à ses compatriotes de planter des fruits de longue garde et citait comme variétés :

La *Volemum*, ou Monstrueuse (parce qu'elle remplissait presque la paume de la main) : c'est un de nos beurrés :

La *Sementinum*, ou des Semailles ;

La *Tarentinum*, ou poire de Tarente ;

La *Cucurbitum*. ou Poire Courge.

Deux siècles plus tard, Pline le Naturaliste mentionnait quarante et une variétés de poires, outre les variétés ci-dessus citées : la *Libralia* analogue à notre poire de livre, la *Lactea*, analogue à notre blanquette, l'*Amerina*, notre Saint-Martin.

Dans notre patrie, ce n'est guère qu'au IXe siècle, que l'on commença à s'occuper un peu des fruits. Le vaste génie de Charlemagne le portait toujours à organiser. Il créa, dans ses domaines, des vergers qu'il planta d'arbres fruitiers. En parcourant ses Capitulaires, on y trouve les conseils et les recommandations de l'empereur à ses intendants, au sujet des variétés de poires qu'il les engageait à cultiver.

Après Charlemagne, la culture des fruits tomba presque entièrement en désuétude. Ce ne fut guère que dans les monastères que l'on s'occupa de conserver les bonnes espèces et même d'en augmenter le nombre. Encore aujourd'hui plusieurs fruits nous rappellent les abbayes où ils ont été obtenus, il y a des siècles, soit de semis, soit trouvés à l'état sauvage ; mais les documents ne sont pas assez précis pour permettre de dresser une liste des poires cultivées en France, à cette époque.

Le roi Charles V témoigna beaucoup d'intérêt à l'agriculture et au jardinage. Le somptueux hôtel Saint-Paul qu'il fit construire à Paris, en 1365, était entouré de jardins plantés d'arbres de toutes espèces. Les Poiriers et autres arbres fruitiers y étaient en bon nombre, et leur récolte approvisionnait la table royale. Il est regrettable, pour l'histoire de la Pomologie, que les noms des divers fruits plantés d'après les ordres de Charles V, n'aient pas été relatés par l'historien de cette époque. Il nous aurait appris quelles étaient les variétés cultivées alors en France.

Avec le xve siècle, qui voit l'invention de l'imprimerie, les livres se multiplient, et quelques ouvrages traitent de la culture des fruits. Toutefois, il faut arriver à l'année 1530 et lire le *Seminarium* que Charles Estienne publiait à cette date, pour obtenir sur les poires des renseignements utiles et intéressants. Parmi les variétés nommées et décrites, quelques-unes existent encore, telles que Bergamote, Bon-Chrétien, de Certeau, etc.

Un peu plus tard, Le Lectier, procureur du roi à Orléans, fit preuve d'une véritable passion pour l'arboriculture fruitière, et l'on peut dire que ce fut lui l'instigateur de l'essor que prit la culture des fruits dans cette ville, vers la moitié du xviie siècle. Le catalogue de ses collections est beaucoup plus complet que celui de son célèbre contemporain Olivier de Serres. Il comprenait 260 variétés de poires, classées par ordre de maturité et dont plusieurs font encore partie de nos collections actuelles.

Sous Louis XIII, l'arboriculture prit un développement considérable. Ce fut à cette époque que l'espalier apparut chez nous, venant de Normandie, suivant les uns, et d'Italie, d'après d'autres écrivains. L'intendant des jardins du roi, Claude Mollet, nous apprend combien le monarque s'intéressait à ses travaux de jardinage.

Quant au règne de Louis XIV, il fut aussi un grand

siècle pour l'arboriculture fruitière. Le célèbre La Quintinye, créateur et directeur des vergers et potagers royaux de Versailles, actuellement encore des modèles du genre, retrace, dans ses *Épîtres*, avec quelle passion Louis XIV aimait l'arboriculture. Aussi atteignit-elle, pendant ce long règne, un développement qui lui ouvrit une voie nouvelle, dont on ne s'est pas écarté. Ce fut aussi à cette époque que l'on commença à pressentir les ressources que pouvaient offrir les semis. Plusieurs ouvrages, entre autres ceux de Merlet (1667), La Quintinye (1690), l'abbé Roger Schabol (1767), Duhamel du Monceau (1768), nous donnent des détails complets sur l'arboriculture fruitière.

Nous arrivons ainsi à l'époque où les Pères Chartreux créèrent, dans les terrains où sont de nos jours les Jardins du Luxembourg, des pépinières qui ont eu une renommée universelle. De 1675 à 1789, cette célèbre communauté répandit, tant en France qu'à l'étranger, plus d'un million de poiriers. Le Catalogue détaillé des pépinières des Chartreux comprenait 102 variétés de poires, choisies parmi les plus méritantes, classées par saison et dont un certain nombre figurent encore parmi nos fruits les plus répandus.

Avec ce siècle commencent les relations suivies des pépiniéristes français avec les semeurs étrangers. La Belgique, particulièrement, allait enrichir nos collections d'excellentes variétés de Poires, dues en partie à l'abbé d'Hardenpont, van Mons, le major Esperen, Grégoire, etc..., semeurs heureux, dont les gains figureront toujours dans les variétés de premier mérite.

La France n'est pas restée en arrière, et les noms

de Léon Leclerc, Luizet, André Leroy, Baltet, Blanchet, Boisbunel et bien d'autres encore peuvent figurer avec honneur dans le livre d'or de la Pomologie.

NOTICE BOTANIQUE (1)

Les Poiriers (*Pyrus* T.) sont des arbres de la famille des Rosacées, série de Pyrées. Leurs fleurs régulières, hermaphrodites, ont un réceptacle en forme de bourse. Sur le bord réceptaculaire s'insèrent 5 sépales libres, imbriqués en quinconce dans la préfloraison ; 5 pétales alternes à onglet court, également imbriqués ; des étamines au nombre de 20 et quelquefois plus, composées chacune d'un filet infléchi dans le bouton, supportant une anthère biloculaire, introrse, déhiscente sur 2 fentes longitudinales. Toute la partie interne du réceptacle est tapissée d'une couche glanduleuse, et le fond de la coupe porte 5 (ou assez souvent 2) carpelles, opposés aux pétales. Chacun d'eux se compose d'un ovaire, en partie enfoui dans le réceptacle, muni d'un sillon à sa face interne, et surmonté d'un style à tête stigmatifère ; il contient, à son angle interne, un placenta contenant 2 ovules sensiblement dressés, anatropes, à micropyle inférieur et extérieur.

Le *fruit*, surmonté d'une dépression dite *œil* (qui marque l'ancienne ouverture de la poche réceptaculaire et autour de laquelle persistent les débris du calice), est une drupe à mésocarpe charnu, et dont l'endocarpe est formé de 2 à 5 noyaux, séparés par des travées de chair succulente, et laissant en dehors un vide central, chaque noyau (pépin), à paroi mince,

(1) Nous devons à l'obligeance de M. Heim la plupart des renseignements botaniques consignés dans cette notice.

1 ou parfois 2 *graines*, qui abritent sous leurs téguments, un embryon charnu, dépourvu d'albumen à radicule infère.

Les *feuilles* sont alternes, caduques, simples, accompagnées de 2 stipules latérales. Chaque fleur est placée à l'aisselle d'une bractée, à sommet étroit, ordinairement caduque. L'*inflorescence* est une grappe corymbiforme, simple ou composée de cymes rarement ment pauciflores.

Poirier commun (*Pyrus communis* L.). Le Poirier

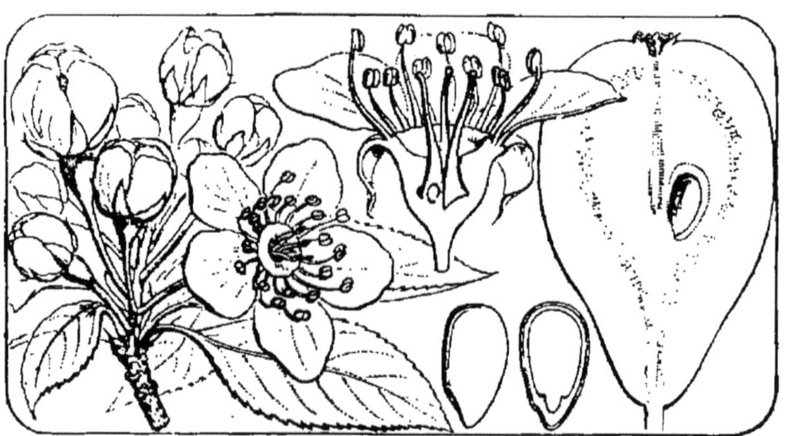

Fig. 1. — Poirier. Inflorescence, fleur, fruit et graine.

sauvage ne diffère pas beaucoup de certaines variétés cultivées. Son fruit acerbe, tacheté, est de forme amincie en bas, ou presque sphérique, selon que l'on considère des échantillons différents, pris sur le même pied.

Les poiriers se trouvent souvent dans certaines forêts (celles de Lorraine par exemple) et y atteignent une taille élevée, s'y montrent fertiles, présentent tous les caractères d'une plante indigène. (Voir pour plus de détails, une intéressante notice de Godron : *De l'origine probable des Poiriers cultivés*, 1873.)

La répartition géographique est extrêmement étendue. On le trouve à l'état sauvage dans toute l'Europe tempérée, dans l'Asie occidentale [Anatolie, sud du Caucase, Perse septentrionale, peut-être dans le Cachemire (?)]. Ceux des auteurs qui admettent sa présence en Chine, confondent le P. *communis* L. avec le P. *sinensis* LINDL.

La culture du Poirier dans le nord de l'Inde doit être de date récente, car il n'y a pas de nom sanscrit pour la Poire.

Les habitants des stations lacustres de Suisse et d'Italie récoltaient de grandes quantités de pommes

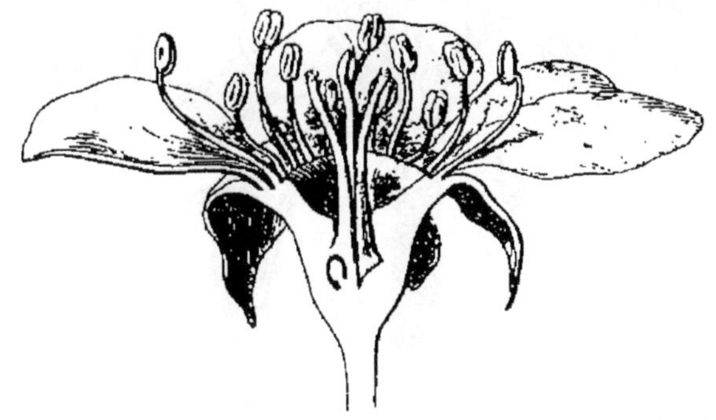

Fig. 2. — Poirier. Fleur, coupe longitudinale.

sauvages et y joignaient souvent les poires. Mais il est possible que l'âge de ces restes ne soit guère antérieur à la guerre de Troie ou à la fondation de Rome.

Les langues arméniennes, géorgiennes, slaves, celtiques, ont des noms pour le Poirier : c'est un indice de l'existence fort ancienne de l'espèce depuis la Caspienne jusqu'à l'Atlantique. Il est à supposer que, dans leurs migrations, les Aryas n'ont pas importé avec eux les fruits ou les graines de Poirier, et n'ont fait qu'appliquer à une plante indigène, les noms de leur langue propre.

La répartition géographique du Poirier de la Perse septentrionale à la côte occidentale d'Europe, surtout dans les régions montueuses, doit être vraisemblablement préhistorique, antérieure à toute culture.

Godron a émis l'hypothèse que les nombreuses variétés cultivées de Poirier proviennent d'une es-

Fig. 3. — Poirier. Inflorescence.

pèce asiatique inconnue. Cette opinion a été battue en brèche, avec raison semble-t-il, par de Candolle (auquel nous avons emprunté nombre de détails historiques sur la question, l'origine des plantes cultivées). L'Asie occidentale possède une flore aujourd'hui très connue, il n'est guère vraisemblable qu'elle renferme une espèce de Poirier encore inconnue. Il est plus logique de regarder comme souche de nos variétés actuelles les P. *communis* et *nivalis*, types primordiaux, modifiés du fait de la culture, de la sélection et des croisements accidentels.

Le Poirier Sauger (*Pyrus nivalis* Jacquin), ainsi nommé parce que ses feuilles ont une face inférieure, blanche, duveteuse, qui rappelle celle de la Sauge. C'est le Schnelbirn (Poirier de neige) des paysans autrichiens, qui en consomment les fruits quand la neige couvre les montagnes. Pour certains auteurs (Decaisne), les variétés des Saugers auraient pour souche le *Pyrus Kotschyana* Boissier, arbre indigène de l'Asie Mineure. Si cette identité est établie définitivement, le nom spécifique de *nivalis* devra être substitué à celui de *Kotschyana*, puisqu'il est antérieur.

Les Saugers échappés de nos cultures sont devenus sauvages çà et là, dans nos forêts. La plus grande partie des Poiriers à cidre, à fruit acerbe, sont des Saugers. Les Grecs et les Romains, qui fabriquaient du cidre, devaient posséder cette espèce, bien qu'à cet égard, leurs descriptions soient trop imparfaites pour permettre une conclusion.

Le Poirier de Chine (*Pyrus sinensis* Lindl., qu'il ne faut pas confondre avec le *Pyrus sinensis* Thouin qui est le Cognassier de Chine) est une espèce voisine du Poirier commun, originaire de la Mongolie et de la Mandchourie, cultivée en Chine et au Japon. Son fruit est plus recommandable pour sa beauté que pour sa saveur, il sert à faire des compotes. Arbre d'introduction récente, il n'a pas encore donné lieu à des croisements avec nos espèces européennes. Le fait pourra se produire un jour ou l'autre. On peut facilement distinguer, à l'inspection sur les feuilles, ce *P. sinensis* du *P. communis*. Chez le premier, les dentelures des feuilles sont terminées par une scie fine, qui n'existe pas chez le second.

DU POIRIER EN GÉNÉRAL

Le poirier est un arbre fruitier d'une haute importance dans notre climat ; ses fruits sont estimés du monde entier et alimentent la table du riche et celle du pauvre. Sa culture est très répandue ; on en compte plus de mille variétés différentes qui mûrissent leurs fruits de juillet en juin de l'année suivante. Grâce à la maturité tardive de quelques-unes, on peut conserver les fruits presque d'une année à l'autre.

Parcourons le Centre, l'Est et l'Ouest de la France, dans les terrains qui lui sont favorables, nous rencontrons le poirier presque partout.

Reportons-nous à vingt ans en arrière, visitons les campagnes à 25 lieues autour de Paris par exemple, et établissons une comparaison avec le temps présent ; nous remarquerons qu'anciennement l'on voyait très peu de cultivateurs s'attacher à la culture du Poirier et des arbres fruitiers en général, et qu'aujourd'hui tout le monde en cultive. Nous en apercevons des champs entiers, les murs de clôture, les palissades en sont garnis ; il n'est pas jusqu'aux murs d'habitation qui anciennement ne servaient à rien et qui, aujourd'hui, sont ornés de ces magnifiques arbres fruitiers qui charment la vue et sont en même temps d'une grande ressource pour nos populations.

Le Poirier réussit moins bien dans le midi de la

France, la raison de ce fait est certainement la température trop sèche et trop chaude.

Dans nos régions, presque toutes les expositions lui conviennent, mais beaucoup de variétés ne réussissent qu'autant qu'elles sont placées dans des conditions favorables.

Les variétés sujettes à la tavelure, comme le Doyenné d'hiver, le Saint-Germain, la Crassane, le Beurré d'Hardenpont, le Beurré Gris, le Bon-Chrétien d'hiver, etc. ; doivent être placées en espalier au sud, sud-est, sud-ouest, même à l'est. Il faudra éviter autant que possible les murs de l'ouest et ne jamais les planter au nord ; il en sera de même des variétés hâtives qui ont besoin d'être plantées aussi à une bonne exposition.

C'est par ses racines qu'une plante emprunte au sol ses éléments nutritifs.

Sans rappeler ici de données banales, il est bon d'avoir présentes à l'esprit les données suivantes :

Lorsque le Poirier provient de semis, sa racine principale est pivotante. Si le pivot a été intentionnellement sectionné, la plante ne se nourrit plus qu'à l'aide de racines adventives, plus ou moins obliques ou traçantes.

Il est également essentiel de rappeler que c'est uniquement par sa portion pilifère que le jeune radicule absorbe l'eau et les substances qu'elle tient en dissolution. De là ce principe général qui doit présider à un arrosage intelligent d'un arbre quelconque : l'eau d'arrosage doit être versée non pas au collet même de l'arbre, mais à une certaine distance, c'est-à-dire dans la zone où se trouvent les jeunes radicelles.

La racine, comme toute partie de la plante, respire,

c'est-à-dire absorbe l'oxygène de l'air et y rejette de l'acide carbonique. De là la nécessité d'un sol ameubli par des labours, surtout s'il est naturellement compact, de façon à permettre sa facile aération. De là la nécessité du drainage des terrains humides, afin d'empêcher la stagnation de l'eau autour des racines.

Des sols favorables à la culture du Poirier.

Sol argileux. — Le sol argileux est blanc, gras, compact, difficile à diviser. Cette sorte de terre est forte, et retient beaucoup l'humidité, ne laissant guère pénétrer l'air ; mouillée, elle devient pâteuse, collante ; sèche, elle se durcit et se fendille.

Dans un sol argileux, les poiriers poussent rapidement, les fruits deviennent gros, mais sans saveur ; on doit y redouter les longues pluies d'hiver, qui détermineraient la pourriture des racines.

On l'améliore en y ajoutant des matières propres à le diviser, telles que du sable, de la cendre de bois, des boues de rues, des plâtras, des décombres et des fumiers chauds ; il est aussi de toute utilité de drainer les sols argileux destinés à la culture du Poirier.

Sol siliceux. — Le sol siliceux est composé en grande partie de silice (sable pur) et cailloux. La silice est très friable, trop perméable à l'eau et à l'air, surtout dans les sols colorés en rouge.

Les sols siliceux se dessèchent très vite par les grandes chaleurs ; les poiriers y poussent lentement, les fruits sont petits en général, mais très savoureux. Pour améliorer ces terrains, pour les rendre propres à la culture du poirier, on se sert : d'argile, de chaux de marne argileuse. A partir du mois de novembre on dépose la marne argileuse par petits tas sur le terrain, la gelée effrite cette marne qui se trouve ensuite mélangée au sol, à l'aide d'un labour d'un demi-fer de bêche ; on amende ces sols à l'aide de fumier d'étable.

Dans un terrain siliceux il est bon, à partir du mois d'avril, de mettre un bon paillis de fumier frais au pied des poiriers, afin de tenir le sol humide pendant tout le courant de l'été.

Sols calcaires. — Les sols calcaires où domine le carbonate de chaux sont les sols les plus mauvais pour la culture du poirier : car leur couleur blanche les empêche d'absorber les rayons du soleil ; ils absorbent facilement une grande quantité d'eau, et la perdent avec autant de facilité. En mélangeant à ces sols calcaires du sable coloré, une égale proportion d'argile, une forte quantité d'engrais colorés et de terre noire, de manière à atténuer le mauvais effet de la couleur blanche, on arriverait à faire de ce sol rebelle un sol de première qualité.

Un sol où domine la terre franche, que l'on appelle vulgairement terre à blé qui contient de 40 à 50 0/0 de sable, de 30 à 40 0/0 d'argile et de 10 à 15 0/0 de calcaire, est un très bon sol pour la culture du poirier.

Il est très rare qu'un sol ne soit formé uniquement que d'un seul élément, ordinairement tous ces éléments se trouvent en mélange dans de plus ou moins grandes proportions.

Un sol parfait serait celui qui contiendrait, par égale quantité, de l'argile, de la silice et du calcaire. Pour la création d'un jardin fruitier, nous devrons choisir un terrain qui se rapproche le plus de celui-ci.

Des arrosages dans la culture du Poirier.

Si l'eau se trouve en trop grande abondance dans le sol, l'excès d'humidité provoque une végétation vigoureuse du Poirier, le bois devient mou, se forme mal, ne s'aoûte pas, et est sujet à être gelé. Alors la fructification future se trouve compromise, en ce sens que l'arbre ne donnera que très peu de fleurs et des fruits sans saveur. Si l'eau séjourne par trop longtemps dans le sol, les racines ne peuvent plus remplir leurs fonctions, elles pourrissent et l'arbre meurt.

Si les Poiriers manquent d'eau et que la sécheresse dure un certain temps, nous voyons les feuilles se faner et s'incliner vers le sol. On ranime la végétation à l'aide d'un fort bassinage que l'on donnera aux arbres tous les soirs et en mouillant copieusement le sol à leur pied. A cet effet, il est utile d'enlever une épaisseur de terre d'environ 4 à 5 centimètres sur une très grande largeur ; de la sorte l'eau pourra pénétrer directement sur les radicelles de l'arbre et être immédiatement absorbée.

De l'aération.

Un poirier planté trop profondément et dans un endroit où l'air se renouvelle mal, reste chétif, devient chlorosé, ses bourgeons sont maigres, étiolés, sans consistance et mûrissent mal. Il n'y a que très peu de boutons, qui « donnent » des fruits sans saveur.

Aussi pour faire une bonne plantation de Poirier devons-nous choisir un emplacement bien aéré.

De la lumière.

Nous n'avons qu'à jeter un coup d'œil sur les poiriers plantés dans des endroits très ombragés, près d'un grand bâtiment, sur la lisière d'un bois, ou dans un jardin entouré de grands arbres. A ces différentes expositions, nous remarquons que l'extrémité de chaque poirier, attirée par la lumière, s'inclinera vers elle. Dans un endroit entouré de grands arbres nous verrons ceux du centre acquérir beaucoup plus de développement que ceux de la périphérie des arbres. Il en sera différemment dans une plantation en pleine lumière ; les poiriers du bord pousseront mieux et seront plus forts et plus étoffés que ceux de l'intérieur.

Prenons aussi comme exemple, une pyramide ; à l'extrémité des branches, nous obtiendrons plus de fruits et ils seront plus gros, plus colorés, plus savoureux que ceux venus à l'intérieur de l'arbre.

De la chaleur.

Au printemps, si la floraison des arbres fruitiers s'opère par un beau temps, s'il ne vient pas de gelées printanières et que la chaleur continue, la récolte sera assurée ; si, au contraire, il se produit un refroidissement subit de la température, la fécondation s'opère mal et la récolte se trouve compromise. Une chaleur trop élevée, si, elle est accompagnée d'une sécheresse prolongée, sera nuisible aux poiriers, en ce sens qu'elle arrêtera leur végétation, ce qui leur est toujours très préjudiciable.

Pour obvier à ce danger, il est nécessaire de pailler

le sol, de l'arroser et de rafraîchir les parties extérieures du végétal, à l'aide d'un bon bassinage.

D'un autre côté, si dans un terrain humide la végétation est activée par une chaleur très élevée, les poiriers pousseront vigoureusement, mais ne donneront ni fleurs ni fruits. Le mieux pour le poirier dans nos climats, pendant l'été, est une température variant de 20 à 30 degrés centigrades.

Multiplication du poirier.

Le poirier se multiplie de semis ; par la greffe en fente, et par la greffe en écusson à œil dormant, sur franc et sur cognassier.

Le poirier sur franc donne des arbres plus vigoureux et de plus longue durée, mais il donne plus tard, les fruits sont généralement moins gros et moins bons que sur cognassier et assez souvent pierreux. Greffé sur cognassier, l'arbre produit plus tôt, ses fruits sont plus gros, plus sucrés, l'arbre est moins vigoureux mais plus fertile.

DES DIFFÉRENTS ENGRAIS CONVENANT A LA CULTURE DU POIRIER

Engrais solides.

Les fumiers à employer pour les sols argileux et humides sont : les fumiers de mouton, de cheval, etc., que l'on désigne sous le nom de fumiers chauds, en langage de praticien. Dans les terrains siliceux et calcaires (terrains secs et chauds) il est préférable d'employer des fumiers de vache, qui rafraîchiront le sol, lui donneront de la consistance et dont la durée d'efficacité est plus longue.

Dans un terrain renfermant dans des proportions à peu près égales : argile et silice, on peut employer des fumiers dits froids mélangés de fumiers chauds qui auront été misen tas et remués deux ou trois fois à 1 mois d'intervalle.

Les meilleurs fumiers sont ceux qui sont déjà à demi décomposés. On ne devra jamais employer de fumiers sortant de l'écurie ; ces fumiers pourraient fermenter dans le sol, faciliter le développement du blanc sur les racines et amener la perte de l'arbre. De bons engrais pour le poirier sont les immondices provenant du curage des fossés, des balayures de rues, les herbes provenant des sarclages du jardin et des coupes de gazon. Tous ces engrais mélangés ensemble et ayant séjourné en tas pendant plusieurs années, sont précieux pour la culture du poirier.

Pour faciliter la décomposition de ces engrais, on pourra y mélanger de la chaux dans la proportion de 1/10, surtout si ces engrais sont pour être employés dans un sol pauvre en calcaire.

Les mois les plus convenables pour la fumure des arbres fruitiers sont les mois de novembre, décembre, janvier, février et mars. On aura soin de ne jamais laisser le fumier étalé sur le sol pendant trop longtemps; car les matières azotées s'en dégageraient au détriment du sol. Il est une recommandation particulière dont il faut tenir compte en enterrant le fumier, c'est de ne pas se servir d'une bêche; il faut toujours le faire avec une fourche à 3 ou 4 dents, pour éviter de détruire les racines. Les fumiers neufs doivent être employés de préférence au mois de mai pour couvrir la surface du sol, comme paillis.

Engrais liquides favorables au poirier.

Parmi ces engrais, nous recommandons les sangs d'animaux de boucherie qui seront employés en y ajoutant la quantité d'eau nécessaire, environ 15 litres pour un litre de sang.

Les engrais provenant des fosses d'aisances, dans la proportion de 1/20. Les tourteaux de colza et autres plantes oléagineuses sont excellents après fermentation. En janvier, février, on mélange 3 ou 4 tourteaux par 100 litres d'eau et l'on s'en sert en mars.

D'autres engrais encore très recommandables sont les guanos, les fientes des volailles. Avant d'employer ces engrais, il faut y ajouter du sulfate de fer pour enlever l'odeur désagréable qui s'en dégage.

On emploie les engrais liquides principalement

au printemps et pendant le cours de la végétation, surtout pour les sols siliceux et calcaires. Ils sont excellents pour les arbres malades ou épuisés, auxquels ils rendent souvent la vigueur.

Des engrais chimiques.

Jusqu'à présent les arboriculteurs reconnaissent que les meilleurs engrais connus pour le poirier sont les fumiers à moitié décomposés et les terreaux provenant de ces fumiers. On n'a pas encore trouvé exactement la composition des engrais chimiques convenant le mieux à la culture du poirier. Il est à souhaiter que les nombreuses expériences faites actuellement produisent des résultats assez concluants pour servir à l'application raisonnée des engrais chimiques aux arbres fruitiers. Mais il est un fait d'expérience et dont il faut tenir compte : c'est que ces engrais doivent être employés soit avec les engrais naturels ou pour leur venir en aide, mais non dans un terrain pauvre dans lequel il ne reste plus aucune trace d'engrais naturel.

Création du jardin fruitier.

La disposition, pour établir un jardin fruitier destiné à la culture des poiriers, sera subordonnée à l'étendue que l'on devra lui donner.

Si l'on dispose d'un grand terrain affecté spécialement à la culture des arbres fruitiers, on aura le choix des différentes formes aussi élégantes que productives : pyramides, fuseaux, contre-espaliers, vases, cordons horizontaux, superposés, etc. Etant destinés à prendre un assez grand développement, ce qui nécessite leur plantation sur des lignes un peu éloignées les unes des autres, il s'ensuivra que pendant plusieurs années une partie du terrain se trouvera inoccupée. On peut alors utiliser les espaces libres par des cultures intercalaires, légumes ou autres, mais cependant sans fatiguer le sol, ce qui nuirait à la végétation des arbres.

Mais si nous sommes possesseur d'un jardin de moyenne étendue, nous laisserons entre chaque ligne d'arbres une plate-bande de 4 ou 5 mètres, dans laquelle nous pourrons cultiver différents légumes qui trouveront la lumière nécessaire et dont l'ombrage ne nuira pas à la culture des arbres fruitiers.

Si nous ne disposons que d'un espace de terrain très restreint, nous réserverons les carrés pour la culture des légumes, et nous tracerons, autour de ces carrés, une plate-bande dans laquelle nous planterons des fuseaux, des contre-espaliers faciles à conduire et prenant peu de développement.

Choix de l'exposition et du terrain.

Pour établir un jardin fruitier, on devra choisir un endroit abrité des grands vents.

L'emplacement le plus favorable serait un terrain plat au pied d'une colline ou en pente légèrement inclinée vers le Sud ou l'Est, même vers l'Ouest ; jamais vers le Nord, l'inclinaison étant très mauvaise.

On devra éviter autant que possible les vents du Nord et du Nord-Ouest, plus encore les terrains marécageux, humides, exposés aux brouillards des prairies qui occasionnent la perte des récoltes par les gelées printanières.

Quant au choix du terrain, on ne saurait y apporter trop d'attention : le sol par excellence serait une bonne terre franche sablonneuse d'une épaisseur de 0 m. 70 à 1 mètre, reposant sur un sous-sol bien perméable. Peu de terrains remplissent naturellement toutes les qualités requises, mais il est très facile d'y remédier par de bonnes défonces et des amendements bien compris comme nous l'indiquons plus loin.

Des murs, leur construction.

Nous ne parlerons que très peu des murs et de leur construction, n'ayant dans ce traité spécial à parler que de la culture seule du poirier.

Les meilleurs murs pour un jardin fruitier sont ceux qui ont une élévation de 2 m. 50 à 3 m. 50. Les expositions préférables sont celles de l'Est et de l'Ouest, l'exposition faisant face au Midi conviendra mieux aux variétés d'hiver.

Dans un jardin fruitier d'assez grande étendue, on peut construire les murs qui doivent l'entourer en les rentrant intérieurement d'environ 2 m. 50 à 3 mètres, ce qui permettra d'utiliser les deux faces pour la plantation des arbres fruitiers.

Les murs en terre peuvent être utilisés avantageusement dans les pays de grande production fruitière, en Normandie par exemple. Cependant nous ne les recommandons pas ; ils ont, à notre avis, l'inconvénient de servir de refuge aux insectes et aux animaux tels que loirs, rats, mulots, etc., le crépi et les scellements n'y ont pas de résistance.

Les meilleurs murs sont ceux de clôture et de refend sous tous les rapports ; il sera préférable qu'ils soient enduits d'une couche de plâtre. Les insectes auront moins de facilité pour se réfugier dans les cavités. Les murs offriront plus de solidité. seront plus propres et la couleur blanche influera très avantageusement sur la réussite des récoltes. Il est bon aussi de recouvrir la muraille d'un chaperon en tuile variant en largeur, selon la hauteur du mur et selon l'exposition. Nous lui donnerons à l'exposition de l'Est une largeur de 0 m. 15 à 0 m. 18 centimètres, cette exposition étant la moins favorisée par la pluie ; à l'Ouest et au Nord cette largeur sera de 0 m. 18 à 0 m. 22 centimètres et à l'exposition du Midi réservée aux variétés délicates, nous pourrons lui donner jusqu'à 0 m. 25 centimètres de largeur.

Des treillages.

Les treillages servent au palissage des poiriers dressés en espalier ou en contre-espalier. Les treillages en bois se font en châtaignier refendu. en sapin et en pitchpin sciés (ces derniers sont préférables étant de plus longue durée). Nous ne saurions trop préconiser les treillages en bois qui, une fois établis, compensent largement par leur durée l'économie de main-d'œuvre qu'ils procurent, la facilité avec laquelle ils permettent de dresser les arbres qu'ils reçoivent, les frais peut-être un peu onéreux de leur installation.

Pour les poiriers, on tend souvent de simples fils de fer sur lesquels on palisse les arbres. La distance à maintenir entre chaque fil variera selon l'écartement que l'on donnera entre chaque branche charpentière. Pour le poirier cet écartement sera de 0 m. 25 à 0 m. 30 cent. : le premier fil à environ 30 à 35 centimètres du sol et le dernier en haut du mur à

15 centimètres au-dessous du chaperon. Les fils de fer n° 14 et 16 sont les plus spécialement employés. Ces fils de fer seront supportés soit à l'aide de pieux en fer ou de pitons scellés dans le mur.

Des abris.

Les abris sont indipensables à la culture des espaliers pour protéger les arbres des gelées tardives.

A cet effet on place, à environ 10 centimètres au-dessous du chaperon, des supports en fer scellés dans le mur.

Ils doivent s'écarter du mur d'environ 50 centimètres et ils seront distants entre eux de 1 m. 50 à 2 mètres ; en les scellant on leur donnera une pente de 0 m. 03 à 0 m. 04 centimètres.

Pendant le courant du mois de février, au moment où les arbres commencent à végéter, on placera sur ces supports des paillassons ou des planches, pour préserver les arbres fruitiers des gelées printanières et des intempéries des saisons, pluies froides, neige, giboulées, etc., et on ne devra les retirer que vers la fin de mai, lorsque les arbres sont hors des atteintes de la gelée.

Des abris très légers, très pratiques, se démontant facilement tout en étant très solides, et sous lesquels les arbres sont garantis des pluies froides et reçoivent la pleine lumière du soleil, sont les abris vitrés. On peut aussi laisser ces abris pendant le courant de l'été pour préserver les fruits de la tavelure. Cette maladie attaque principalement les variétés de poires suivantes : Doyenné d'Hiver, Saint-Germain, Crassane, Doyenné d'Alençon, Beurré d'Hardenpont, Beurré Gris, Bon Chrétien d'hiver, etc.

Un procédé recommandable pour prolonger la durée des paillassons employés comme abris, consiste à les tremper, avant de les employer, dans une solution de sulfate de cuivre, dans la proportion de 2 kilos de sulfate de cuivre pour 100 litres d'eau. Ce sulfatage aura, en outre, l'avantage d'éloigner bon nombre d'insectes.

Distribution du terrain.

Dans la distribution du terrain, pour un jardin fruitier, nous placerons les poiriers à haute tige de façon que leur végétation et leur ombrage ne gênent pas les arbres de petites formes.

Par exemple, un jardin s'étendant de l'Est à l'Ouest présentera un long côté au Midi. On devra commencer par placer les grands arbres au couchant sur 2, 3 ou 4 lignes allant du Nord au Sud. Ensuite viendront les pyramides, puis les contre-espaliers, etc... De la sorte, la partie Est, la mieux ensoleillée du jardin, se trouvera réservée pour les variétés les plus délicates.

Disposons-nous d'un jardin de grande étendue et de forme rectangulaire, dans lequel nous voulons cultiver spécialement les arbres fruitiers, nous le diviserons en 4 ou 8 parties, en ménageant une plate-bande de 1 m. 50 à 2 mètres de largeur au long des murs, ensuite une allée de 2 mètres à 2 m. 50 centimètres de largeur. De chaque côté de cette allée nous établirons une plate-bande à laquelle nous donnerons de 1 m. 20 à 1 m. 50 de largeur pour y cultiver des arbres en fuseau ou en contre-espalier. Cette largeur s'étendra jusqu'à 2 mètres pour y cultiver des pyramides ce que nous ne conseillons

pas. Nous établirons ensuite une petite allée de
1 m. à 1 m. 20 de large entre la plate-bande décrite
ci-dessus et les grands carrés intérieurs.

Dans ces carrés nous pourrons cultiver d'une manière uniforme, pyramides, fuseaux et contre-espaliers, etc. Ces derniers seront dirigés, autant que
possible, sur une ligne s'allongeant du Nord au
Midi et auront une élévation de 2 m. 50 à 3 mètres.
Sur ces contre-espaliers, on établira les formes selon
la nature du terrain, mais nous recommandons de
ne pas nous arrêter à de grandes formes et encore
bien moins aux petites, nous en donnerons le motif
plus loin

Préparation du sol.

Notre jardin nivelé et tracé, nous préparons le sol.
Cette préparation consiste à bien défoncer le terrain
dans lequel nous voulons faire nos cultures.

Du défoncement.

Les époques les plus favorables, sont : l'été et l'automne.

Le défoncement se fera à une profondeur de
0 m. 80 ou même 1 mètre, selon la nature du sol. Si
à une profondeur variant de 0 m. 50 à 0 m. 70 centimètres, nous rencontrons un mauvais sol, du tuf par
exemple, il y aurait nécessité de l'enlever et de le
remplacer par une bonne terre que l'on rapporterait.
Dans le cas contraire on s'exposerait à faire des dé-
penses inutiles.

Pour opérer le défoncement d'un carré de
10 mètres de largeur par exemple, on sépare ce carré

en deux parties, on ouvre, à l'une des extrémités du terrain, sur une partie de 5 mètres, une tranchée de 1 mètre de largeur sur 0 m. 80 à 1 mètre de profondeur.

On dépose la terre de cette tranchée à l'endroit où l'on doit finir et cette terre servira à combler l'ouverture de la dernière tranchée. On ouvre la deuxième tranchée de la façon suivante :

On pioche verticalement, du haut en bas, l'épaisseur du sol jusqu'au fond de la tranchée; de cette manière les terres se trouvent mélangées, on en extrait les grosses pierres, les racines, les mauvaises herbes; on relève ensuite à la pelle, du fond de la tranchée, la terre brisée et mêlée, que l'on rejette derrière soi, et l'on continue le défoncement ainsi de tranchée en tranchée jusqu'à l'autre extrémité du carré.

En remblayant chaque tranchée, on mettra dans la moitié supérieure du sol, deux ou trois couches de fumier. Chacune de ces couches sera séparée par une épaisseur de terre de 15 à 20 centimètres.

Pour les plates-bandes entourant le jardin, nous opérons de la même façon.

On ouvre une tranchée de 0 m. 80 à 1 mètre de profondeur sur la largeur de la plate-bande. On transporte la terre à l'autre bout et on défonce le terrain comme il a été dit plus haut.

Le défoncement terminé, on nivelle le sol que l'on laissera tasser pendant un mois environ. On répandra ensuite, sur la surface du terrain, une bonne couche de fumier à moitié décomposé que l'on enfouira immédiatement à l'aide de la bêche.

Défoncement d'un trou isolé.

Dans un jardin fruitier, lorsqu'on se trouve dans la nécessité de remplacer un arbre fruitier, nécessité motivée par la végétation languissante, par le dépérissement de l'arbre ou par son remplacement, on se trouve dans l'obligation d'ouvrir un trou à l'endroit même où l'arbre était planté et si l'on veut replanter la même essence d'arbre, le changement de toute la terre s'impose, ce qui consiste à enlever la vieille terre et à en rapporter de la nouvelle. Beaucoup de personnes plantent sans s'inquiéter si les arbres ont déjà végété dans l'endroit où l'on fait une nouvelle plantation, et non seulement ne font pas renouveler la terre, mais ne font encore qu'un petit trou, sans se donner la peine d'enlever les vieilles racines et encore moins de changer la terre. Voici ce qui se produit : l'arbre pousse 3 ou 4 ans, devient chlorosé et finit par périr ; on a fait la dépense pour l'achat des arbres, on a perdu 3 ou 4 ans et on est obligé de recommencer.

Si dans ce trou l'on fait une plantation d'un arbre d'une autre essence, on n'enlèvera seulement que la terre la plus usée et l'on gardera celle de surface que l'on mélangera avec de la nouvelle.

Dans ce cas en ouvrant le trou on aura soin de mettre la terre de surface à part. La grandeur d'un trou en cas de remplacement sera de 2 mètres carrés au moins sur 1 mètre de profondeur (ne pas craindre de le faire plus profond), avec un bon piquage sur les quatre faces et dans le fond du trou. On aura soin en donnant ce piquage au fond du trou, de former mamelon au milieu, de la sorte, l'eau s'écoulera vers les bords, et les racines ne seront pas exposées à l'humidité, si l'on ne change qu'une partie de la terre. Il est préférable de faire les trous aux mois de juillet, août, si l'on veut planter au mois de novembre ; et, dans le mois d'octobre-novembre, pour opérer la plantation au mois de mars. La terre ayant le temps de s'améliorer sous l'influence de l'air, les résultats ne seront que meilleurs. L'on remplira ces trous au moins un mois avant la plantation pour éviter un moins grand tassement du sol après plantation.

Une recommandation spéciale : en remplissant ces trous c'est d'y ajouter force engrais et de bien le mélanger avec les nouvelles terres.

Drainage et assainissement.

Dans les sols argileux, qui conservent l'eau par trop longtemps, il faut avoir recours au drainage. Ces drainages se pratiquent de deux manières : 1° à l'aide de tuyaux de drainage ; 2° avec des matériaux solides : pierres, mâchefer, débris de démolitions, etc.

Pour drainer à l'aide de tuyaux, il faut ouvrir une tranchée de 70 centimètres à 1 mètre de profondeur sur 35 à 40 centimètres de largeur au niveau du sol et seulement de 15 à 20 centimètres de largeur à la base. On place les tuyaux bout à bout, en recouvrant les jointures, soit d'un manchon, soit de petits cailloux, afin d'éviter que les racines ne s'y introduisent et obstruent le passage de l'eau. Ces tranchées se font principalement dans les allées en les traversant diagonalement, de la partie la plus élevée de l'allée au point de départ à la partie la plus basse de l'allée à l'arrivée près du drain collecteur.

Pour faire un drainage avec des pierres, ou débris de démolitions, on ouvre une tranchée de 1 m. 20 centimètres à 1 m. 40 de profondeur, sur une largeur de 50 centimètres à la surface du sol. On recouvre ensuite ces matériaux d'une couche de mousse ou de plaques de gazon, de manière que la terre ne vienne pas fermer les interstices, et ensuite on recouvre la tranchée. Ce procédé est excellent mais coûte plus cher que les tuyaux de drainage. Il va sans dire que l'on creuse les tranchées dans le sens de la pente du terrain.

De la distance à observer entre les diverses formes de poiriers.

La distance à observer entre les arbres dépend 1° de leur nature, 2° de celle du terrain, 3° de la forme sous laquelle on les élève, 4° de la hauteur du mur.

Il est certain, qu'un poirier Beurré d'Amanlis ou un Triomphe de Jodoigne, planté en cordon vertical dans un bon terrain, ne donnera jamais de fruit, ou n'en donnera que très peu. Aussi est-il nécessaire, en faisant une plantation, de distribuer les arbres en tenant compte des observations signalées ci-dessous.

Dans la formation des poiriers en espaliers et contre-espaliers, la distance que l'on donne entre les branches charpentières variera entre 25 et 30 centimètres. Dans un terrain de moindre végétation les arbres poussant moins vigoureusement, nous pourrons planter plus rapproché, et ne donner que 25 centimètres entre chaque branche, dans un bon terrain nous planterons plus loin et nous donnerons 30 centimètres entre les branches.

Examinons les diverses formes en espaliers en prenant comme distance générale, 30 centimètres entre chaque branche charpentière.

Pour la forme en cordon vertical, nous distancerons les arbres de 40 centimètres et le mur devra avoir au moins 3 mètres d'élévation;

Pour la forme en U, 0 m. 60;

Pour un tri-branches, 0 m. 90;

Pour un double U,   1 m. 20;

Pour une palmette Verrier :

à 3 étages et la flèche, 2 m. 10;
à 4   —   —   2 m. 70;
à 5   —   —   3 m. 30;
à 6   —   —   3 m. 90.

Pour un mur ayant une élévation de plus de 4 mètres, pour une Palmette Verrier de 5 étages, on planterait des poiriers haute tige à 3 m. 30 les uns des autres, pour garnir le haut du mur, et un poirier basse tige entre deux haute tige pour garnir la base. C'est le meilleur moyen pour garnir un mur très promptement.

La distance à donner entre les pyramides est d'au moins 3 mètres, et sur une plate-bande on devra les planter à une distance éloignée de l'allée, variant de 1 mètre à 1 m. 20.

Pour les poiriers en forme fuseau, on les plantera à une distance de 1 m. 50 à 2 mètres les uns des autres, cette forme est très recommandable sous tous les rapports.

De l'emploi des murs.

On disposera des murs de l'est et du midi pour les poiriers d'hiver, Saint-Germain d'hiver, Beurré d'Hardenpont, Doyenné d'hiver, etc.

Les murs de l'ouest et du nord seront plantés avec des variétés d'automne et d'été.

Choix des arbres pour plantation.

Le choix des arbres pour une plantation demande une grande attention. Dans l'achat des arbres, il est essentiel de s'adresser à un pépiniériste consciencieux, afin d'être assuré d'obtenir les espèces que l'on demande et non d'autres, comme cela arrive trop souvent.

Dans le choix des arbres, il est de toute importance de ne pas s'arrêter au prix. Ce serait une économie mal calculée que de prendre des sujets petits, malingres, rabougris, souffreteux, pour économiser une faible somme. Pour une plantation de poiriers, dans un terrain dont on doutera de la qualité, on prendra des scions de l'année, greffés sur franc; pour une plantation rapprochée et dans un bon terrain, on prendra des scions de l'année, greffés sur cognassier.

Beaucoup de personnes, en plantant des arbres, veulent récolter des fruits de suite, et, a cet effet, elles achètent des arbres déjà formés, sur lesquels elles peuvent récolter des fruits la seconde année de plantation. L'on ne saurait trop recommander, dans ce cas, d'acheter des arbres bien formés, bien équilibrés et surtout qui aient été contre-plantés; autrement on court le risque d'une reprise incertaine, surtout dans le pêcher. Dans le poirier il y a moins d'inconvénients.

De l'arrachage des arbres en pépinière, et des soins à leur donner à la suite du voyage.

L'arrachage des arbres en pépinière demande beaucoup d'attention, il faut donc prendre toutes les précautions nécessaires pour leur conserver un bon appareil radiculaire, qui plus tard aidera à leur reprise et facilitera leur développement.

Aussitôt arrachés, les arbres seront placés à l'abri du hâle et mis en jauge en attendant le moment de l'expédition. Si ces arbres doivent faire un long voyage, il est utile de faire une bouillie très claire, composée d'argile délayée dans l'eau, et d'y tremper les racines; ensuite on les emballera en plaçant entre toutes les racines de la mousse sèche qui empêchera la fermentation, ainsi que l'air de pénétrer sur les racines. Le ballot étant bien serré, les racines seront ensuite recouvertes d'une bonne couche de paille qui remontera au-dessus de la greffe afin que la gelée n'y pénètre pas aussi facilement. Si, pendant le voyage, les arbres sont surpris par la gelée, à leur arrivée, on les déposera à la cave sans les déballer et on ne les développera qu'après le dégel.

S'ils nous arrivent par un temps de hâle et que l'écorce nous paraisse ridée, on les fait baigner dans l'eau pendant une heure ou deux, on ouvre ensuite une tranchée dans laquelle on les couche en les recouvrant de terre, on arrose fortement. On les laisse ainsi pendant 7 ou 8 jours. Après ce laps de temps, l'écorce étant déridée on les retire de terre pour les mettre en jauge ou les planter au besoin.

Habillage de l'arbre.

Avant de planter un arbre, il faut l'habiller, ce travail consiste à faire suppression des racines mutilées à la suite de l'arrachage et du transport de l'arbre, et à rafraîchir toutes les autres jusque sur la partie vive. Ce travail est tout ce qu'il y a de plus utile, comme préservation des différentes maladies qui pourraient se déclarer à la suite de toutes ces meurtrissures. Par ce travail on réservera toutes les petites racines si elles sont bien vertes, si au contraire elles sont sèches, on en fera la suppression. Certaines personnes disent qu'en habillant un arbre, il faut couper les grosses racines assez courtes. A ces personnes nous répondrons qu'un arbre, assez souvent dépourvu de chevelu, a besoin de toutes ses racines pour assurer sa reprise. On lui conservera donc ses racines aussi longues que possible. Il arrive trop souvent malheureusement, que, si un arbre possède trois ou quatre grosses racines, elles se trouvent mutilées soit par l'arrachage, soit pendant le transport, et l'on est obligé, à l'habillage, d'en faire la section sur une longueur, même trop courte, par rapport au développement extérieur de l'arbre. Il résulte de cela que, très souvent, la reprise de l'arbre se fait mal la première année; la seconde année il ne pousse que très peu, ayant acquis peu de radicelles; ce n'est qu'à la troisième année de plantation que l'on obtient un bon développement.

Toutes les racines seront taillées à la serpette, à moins qu'elle ne soient trop fortes; en ce cas, on se servira du sécateur, les plaies occasionnées par la lame de ce dernier seront ensuite parées à la serpelte. On devra faire la coupe ronde, nette et non oblique ; le bourrelet se reforme plus facilement et donne naissance à une quantité de radicelles, qui nourrissent l'arbre tout en le fixant dans le sol.

Dans l'habillage des arbres à fruits à pépins, nous nous sommes rendu compte, par une expérience comparative, qu'il ne faut pas tailler l'arbre en le plantant ; on ne fera tout simplement qu'enlever les branches qui ont été cassées par suite de l'emballage ou pendant le voyage.

En opérant autrement, c'est-à-dire en taillant de suite, l'arbre ayant déjà été déplanté n'a que très peu de sève ; de la sorte, il résulte que les yeux de taille qui doivent se développer et constituer les prolongements, seront maigres et chétifs et seront très longs à former des branches charpentières solides ; la seconde année, la sève aura une tendance à s'emporter vers la partie supérieure et à abandonner les prolongements souffreteux, développés à la suite de la taille de première année. Si nous ne prenons garde, nous n'obtiendrons jamais qu'un arbre mal équilibré par la mauvaise constitution des branches charpentières de la base.

De la plantation.

L'habillage terminé nous procédons à la plantation de l'arbre. L'époque de la plantation varie selon les terrains.

Dans les terrains siliceux et calcaires, nous planterons vers la fin d'octobre et pendant les mois de novembre et décembre. Pour les terrains humides, en février. Mais, si le terrain est par trop humide et que l'on plante plus tardivement, les arbres devront être mis en jauge à l'exposition du Nord de manière à retarder la végétation; dans ce cas, au moment de la plantation, il faut praliner l'arbre avec un enduit composé de bouse de vache et de terre franche délayée dans l'eau; on en garnit les racines et tout le corps de l'arbre; aussitôt la plantation terminée, on arrose copieusement l'arbre pour que la terre fasse adhérence aux racines et que l'air n'y pénètre pas; on couvre la terre d'un bon paillis, et, s'il y a nécessité, on bassine l'arbre pendant les grandes chaleurs. D'une manière générale, il vaut mieux opérer une plantation plus tôt que plus tard.

La plantation joue un grand rôle dans la vie de l'arbre, aussi n'y attache-t-on jamais trop d'importance; deux hommes sont nécessaires pour opérer une bonne plantation, l'un soutient l'arbre, l'autre recouvre de terre les racines. Si nous plantons dans un trou qui a été fait depuis une quinzaine de jours, il faudra tenir compte du tassement qui est de 12 à 15 centimètres par mètre de profondeur.

On ouvre le trou, on fait un monticule au milieu, on place une règle ou une tringle qui passe par le milieu du trou et qui repose sur les bords, on place le sujet sur le monticule en ayant soin que la greffe se trouve à 8 ou 10 centimètres au-dessus de la règle, un homme tient l'arbre, l'autre recouvre les racines de terre fine et saine à l'aide de la pelle qu'il secoue à la hauteur de 60 à 70 centimètres au-dessus des racines de l'arbre qu'il plante. L'homme qui tient l'arbre, introduit cette terre avec les doigts dans les racines en remplissant bien tous les vides et en ayant soin de conserver aux racines, dans le sol, leur position naturelle; si l'arbre est gros, ce travail est fait par celui qui recouvre les racines.

Une fois les racines recouvertes d'une couche de terre d'environ 15 à 20 centimètres, on placera si l'on veut une bonne couche de fumier bien décomposé d'une épaisseur de 10 à 12 centimètres.

Il est nécessaire de s'assurer que le fumier a donné son coup de feu, de crainte de la fermentation qui pourrait amener le blanc sur les racines et déterminer la mort de l'arbre. Dans n'importe quelle plantation, on ne doit mettre de fumier directement sur les racines. Il faut bien se garder de secouer l'arbre en le plantant et de piétiner sur la terre, cette façon d'agir est très mauvaise en ce sens que, la terre se trouvant foulée, les racines se trouvent comprimées dans le sol et privées de l'influence de l'air.

Si par hasard un arbre se trouve planté trop profondément, il faut éviter de le relever en tirant dessus, cela ramasse les racines les unes contre les autres ; il est préférable de l'arracher et de le replanter ensuite dans de bonnes conditions. Trop de personnes malheureusement ne se donnent pas la peine de prendre toutes ces précautions. Le mode de plantation dans un terrain entièrement défoncé se fait absolument de la même manière ; le sol tassant d'une manière générale, on tiendra seulement compte en plantant d'élever la greffe de 0 m. 05 centimètres au-dessus du sol.

Pour la plantation le long d'un mur, il faut éloigner le pied de l'arbre d'environ 12 à 15 centimètres, ce qui donne à l'arbre une position oblique ; de cette manière, l'arbre, en grandissant, ne sera pas gêné dans son développement par le mur, et les racines peuvent s'éloigner du mur et puiser plus facilement dans le sol les éléments qui leur sont nécessaires.

Il est très important de placer la greffe en avant ; nous choisirons les yeux qui sont convenablement placés pour la forme que nous voulons donner à notre poirier. Pour la plantation des poiriers en espaliers et en contre-espaliers, l'on attendra que le tassement soit terminé pour attacher l'arbre, afin d'éviter de le suspendre.

De la transplantation des poiriers formés.

La transplantation d'un poirier déjà formé est tout ce qu'il y a de plus facile. Si le long d'un mur, sur un contre-espalier, dans un carré de fuseaux ou de pyramides, un arbre vient à mourir et qu'il soit déjà assez gros, il se produira un grand vide. Pour le combler, il sera préférable d'avoir recours, autant que possible, à la plantation d'un arbre formé, ayant l'âge approximatif de celui qu'il remplace. Dans le cas contraire, c'est-à-dire si nous plantons un jeune sujet, il sera très longtemps à combler

Fig. 44.

le vide, car il n'atteindra jamais le développement des arbres plantés précédemment. En apportant dans la déplantation toutes les précautions nécessaires et en tenant compte du soin à donner au sujet à la suite de la transplantation, on peut assurer la reprise d'un poirier formé âgé de 10 à 15 ans.

On devra arracher l'arbre, aussitôt la chute des feuilles, dans le courant du mois de novembre.

On prendra beaucoup de précautions en découvrant les racines, que l'on sevrera le plus loin possible du corps; pour éviter de les meurtrir on penchera légèrement l'arbre d'un côté et de l'autre, de la sorte on observera la direction des racines, ce qui facilitera l'arrachage. Aussitôt l'arbre arraché, on procédera à l'habillage et l'on apportera dans la plantation tous les soins nécessaires, prescrits ci-dessus, en tenant compte de placer les racines dans leur position primitive.

Fig. 5.

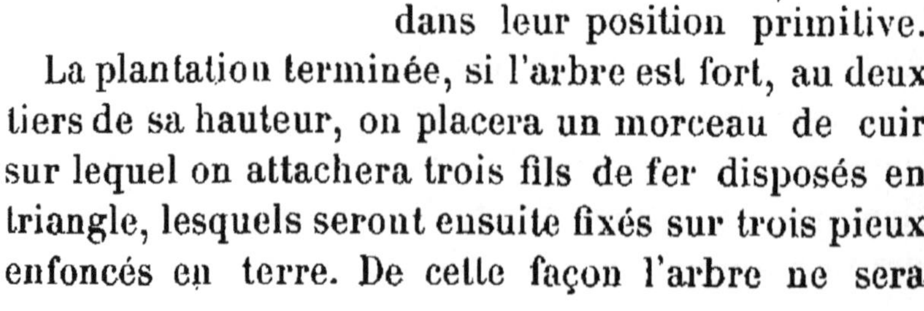

La plantation terminée, si l'arbre est fort, au deux tiers de sa hauteur, on placera un morceau de cuir sur lequel on attachera trois fils de fer disposés en triangle, lesquels seront ensuite fixés sur trois pieux enfoncés en terre. De cette façon l'arbre ne sera pas balancé et la reprise en sera mieux assurée.

Au mois d'avril, on enveloppera de paille la tige et les grosses branches de l'arbre pour éviter les coups de soleil.

Pendant le courant de la végétation, si la température est sèche, sur un diamètre de 1 mètre à 1 m. 20, on arrosera 2 ou 3 fois le pied de l'arbre et on le bassinera matin et soir, mais le soir de préférence.

L'humidité qui se trouve sur l'arbre a la propriété de ramollir les écorces et de favoriser la circulation de la sève. Au printemps qui suit la plantation et pendant les premières années, dans le courant des mois d'avril, mai, on placera au pied de chaque arbre un bon paillis d'une épaisseur de 8 à 10 centimètres sur un diamètre de 1 mètre à 1 m. 20. Ce paillis tiendra la fraîcheur du sol pendant l'été et facilitera la reprise de l'arbre.

De l'utilité de la taille. — Bourgeons.

Avant de parler de la taille, il est nécessaire d'étudier sommairement les bourgeons du Poirier.

Les bourgeons renferment, nous le savons, les rameaux, feuilles et fleurs, en voie de formation : organes protégés par des écailles imbriquées, imperméables à l'eau.

Nous devons distinguer tout d'abord deux sortes de bourgeons : 1° les bourgeons nés à l'aisselle des feuilles, *bourgeons latéraux*, 2° et les bourgeons nés à l'extrémité des rameaux, ou *bourgeons terminaux*.

L'*œil* ou *bouton* des praticiens est le jeune bourgeon né à l'aisselle d'une feuille très jeune.

Pendant la belle saison, les bourgeons grossissent,

et à l'automne, feuilles et fleurs sont déjà développées à leur intérieur. Le bourgeon reste stationnaire pendant l'hiver, et, au printemps, il n'a plus, lors de l'épanouissement qu'à augmenter les dimensions des organes préformés qu'il renferme. Les bourgeons, qui restent ainsi stationnaires pendant l'automne et l'hiver, sont les *bourgeons dormants*. Mais, sur les poiriers vigoureux, il existe des bourgeons qui s'épanouissent l'année même de leur naissance; on les nomme *prompts bourgeons, faux bourgeons, bourgeons anticipés*.

Leur apparition est regrettable, car les rameaux qu'ils produisent n'ont pas le temps de se lignifier avant l'hiver, de s'*aoûter*, et risquent d'être détruits par les froids.

Suivant la nature des organes qu'ils renferment, les bourgeons du Poirier doivent être divisés en bourgeons à feuilles, et bourgeons à fleurs.

1° Les *bourgeons à feuilles, folifères*, ou *bourgeons à bois*, ne contiennent que des rameaux feuillés, capables d'acquérir un grand développement. Ce sont des bourgeons allongés, se terminant généralement en pointe.

Les *bourgeons à fleurs, florifions*, renferment quelques petites feuilles. Mais le rameau auquel ils donnent naissance reste petit et se termine par des fleurs. Leur volume et leur forme globuleuse les rendent faciles à reconnaître.

Il est un fait d'expérience, capital à retenir : les bourgeons à fruit ne se développent que sur des rameaux de moyenne vigueur; c'est par la mutilation des rameaux, dite *taille*, que l'on peut forcer un rameau quelconque à se couvrir de bourgeons à fleurs.

Le bourgeon développé à l'aisselle d'une feuille

porte souvent en pratique le nom d'*œil principal*. Les praticiens distinguent sous le nom de *sous-yeux* ou *yeux stipulaires*, les yeux qui se développent de chaque côté de l'œil principal.

Ces yeux sont de la plus haute utilité pour la formation de l'arbre.

On rencontre, sur l'écorce des vieilles branches, des bourgeons *dits adventifs*, capables de rester longtemps sans se développer et de donner naissance à des rameaux, lorsqu'on facilite leur épanouissement. Ce sont les *yeux latents* des praticiens qui sont de la plus haute utilité pour le rajeunissement des arbres.

Lorsque le bourgeon s'est épanoui en rameau, il s'est *aoûté* vers la fin de l'automne. Si le rameau provient d'un bourgeon anticipé, on le nomme *rameau anticipé* ou *faux rameau*.

Le rameau prend le nom de *branche*, lorsqu'à la fin de l'année suivante, les bourgeons nouveaux, nés sur lui, ont terminé leur végétation.

Certains arboriculteurs disent qu'il ne faut pas tailler le poirier ; nous ne sommes pas de leur avis. Assurément sur un arbre vigoureux, ne donnant presque pas de fruits, si l'on coupe, sans connaissance de cause, tous les rameaux à bois qui se trouvent sur la branche charpentière, à l'épaisseur d'un écu ou même à 3 ou 4 centimètres de long, il est certain que tous les dards se trouvant à la base et en voie de transformation pour devenir boutons à fruits, se développeront à bois et certainement il en sera de même tous les ans.

Un arbre qui, ne subira la taille que sur les prolongements, donnera beaucoup de fruits ; mais les lambourdes, qui chaque année donnent les fruits, s'allongent toujours de plus en plus, elles vieillissent, la sève circule moins bien au travers des rides et a beaucoup de peine à pénétrer jusqu'aux dards, bourses, boutons à fruits qui se forment à l'extrémité des branches, l'air y pénètre moins facilement et il en résulte que les fruits se trouvant éloignés de la branche charpentière viennent moins gros et de moindre qualité.

Ainsi dans les années de grande sécheresse et lorsque le printemps est favorable, la récolte des fruits est souvent très abondante, nous citerons, comme exemple, les années 1893 et 1894. Nous avons pu remarquer alors que les arbres n'ayant pas été soumis à la taille ont produit une telle quantité de fruits petits et sans saveur, que le seul moyen d'en tirer parti, a été d'en faire du cidre.

De la mise à fruit du Poirier.

Il est souvent très difficile de faire fructifier un Poirier, surtout lorsqu'il est jeune, planté dans un bon terrain, et qu'il appartient à certaines variétés ayant une forte exubérance de sève.

Il est indispensable, pour l'amener à fructifier, que la sève circule très lentement à travers toutes les ramifications de l'arbre. S'il en est autrement, que cet arbre ait une végétation fougueuse il parviendra rarement à nous donner des boutons à fleur.

Il est donc pour nous très important de le faire fructifier. Pour cela nous pouvons employer les moyens suivants :

1° Pour affaiblir un poirier très vigoureux, on le taillera en sève c'est-à-dire tardivement.

2° A la taille en sec on supprimera sur empatement, toutes les branches gourmandes qui se trouvent sur le dessus des branches charpentières, et les plus fortes qui se trouvent sur les côtés. On fait aussi suppression de la même manière des têtes de saule ; et on taille toutes les autres branches au-dessus du troisième ou du quatrième œil.

3° Au départ de la végétation on pratique de très bonne heure un pincement herbacé sur les jeunes bourgeons au-dessus du troisième ou du quatrième œil

4° Nous pouvons aussi favoriser la fructification du poirier par la greffe en écusson, de côté, en approche, et par la greffe du bouton à fruit comme on le verra plus loin page 203.

5° On peut encore le faire fructifier par l'incision annulaire à la base du tronc, par l'arcure, ou en lui coupant une ou deux grosses racines qui ralentissent la sève et le prédisposent à la fructification.

Des Poiriers donnant trop de fruits.

A côté des arbres trop vigoureux et rebelles à la mise à fruit, nous en avons d'autres qui s'y préparent d'eux-mêmes par trop facilement, entre autres : les variétés *Bon chrétien-William*, *Louise Bonne d'A-vranches*, *Duchesse d'Angoulême*, *Beurré gris*, *Passe-Crassane*, *Joséphine de Malines*, etc.

Si l'on n'y fait attention, dans un terrain de médiocre qualité, les variétés peu vigoureuses donnent des fruits au point que les prolongements ne se développent plus, et que les arbres se trouvent épuisés au bout de 8 à 10 ans.

Nous pouvons remédier à cet état de langueur par des moyens différents :

Nous taillerons l'arbre d'abord de bonne heure,

pour éviter toute perte de sève ; en taillant nous rapprocherons sur le bouton à fruit le plus bas de la branche fruitière, et, au moment de la floraison, nous ferons ablation de toutes les fleurs en ménageant la rosette de feuilles. En agissant de la sorte nous ferons développer immédiatement des prolongements à notre arbre. Les yeux se trouvant à la naissance des fleurs supprimées se développeront immédiatement à bois ; s'il en part deux, nous n'en garderons qu'un seul qui sera pincé d'après les règles voulues, et nous ferons suppression de l'autre. Il ne faut pas craindre de faire ce sacrifice pendant deux ans de suite s'il y a nécessité. On devra aussi, dans ce cas, donner une bonne fumure aux arbres avec des fumiers au moins à moitié consommés, pour faciliter l'ascension de la sève.

Pour avoir de gros fruits, il est utile de faire suppression de ceux qui sont de trop, lorsqu'ils auront atteint environ le quart de leur grosseur, et, à la taille, il faudra maintenir les rameaux à fruit le plus près possible de la branche charpentière, de façon à leur amener la sève plus directement et en plus grande quantité. Un travail très utile pour arriver à obtenir de gros fruits, c'est aussi d'arroser les arbres avec abondance une ou deux fois seulement, pendant les grandes chaleurs, surtout s'ils se trouvent dans un terrain sablonneux ; mais il ne faut pas en abuser, sous peine de courir le risque d'avoir de gros fruits sans saveur.

Nous en concluons que la taille est utile et a pour but de donner et de conserver aux arbres une forme régulière et gracieuse, en répartissant la sève dans toutes leurs parties. Que peut-on voir de plus agréable, que de magnifiques plates-bandes ou des carrés de fuseaux, de pyramides, de contre-espaliers et d'espaliers aux formes si variées; jusqu'aux cordons de pommiers qui bordent nos allées? — Par la taille nous récoltons aussi des fruits plus beaux, plus savoureux que sur les arbres abandonnés; nous épuisons moins nos arbres, enfin nous pourrons cultiver dans un petit jardin un plus grand nombre de variétés, ce qui nous permet de pouvoir manger des fruits depuis le mois de juillet jusqu'au mois de mai suivant.

Des instruments utiles à la taille.

Les principaux instruments nécessaires à la taille des arbres fruitiers sont la serpette, le sécateur, l'égohine.

1° La serpette, figure 6, est le meilleur instrument pour la taille, elle donne une coupe très nette; elle est surtout utile pour rafraîchir les plaies pratiquées par la scie et par le sécateur ainsi qu'à enlever les chancres, etc.

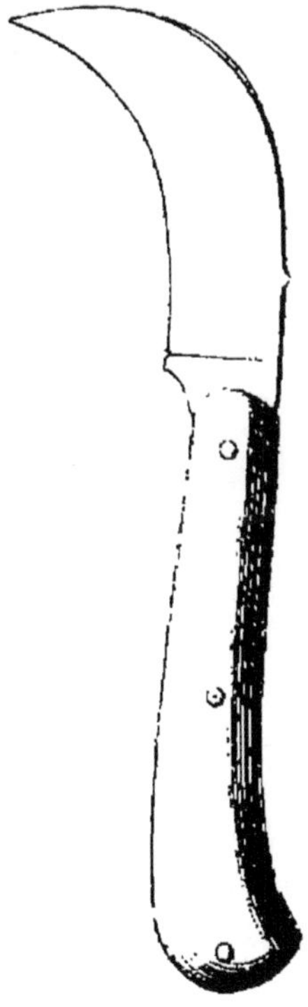

2° Le sécateur, figure 7. Avec cet instrument on opère d'une manière plus expéditive. Beaucoup d'arboriculteurs n'en sont pas partisans; ils lui reprochent de déchirer les tissus du bois, et ajoutent à cela, qu'ils sont obligés de laisser un onglet sous peine d'altérer l'œil. A cette objection, nous répondrons que toute personne possédant un sécateur ayant une lame mince, bien tranchante, et ayant un peu l'habitude de s'en ser-

Fig. 6.— Serpette.

vir, fera une très belle coupe. Pour s'en servir, on tient l'outil à plat dans la main droite, la partie tranchante de la lame au-dessus et du côté de l'œil. On saisit le rameau à couper de la main gauche, on

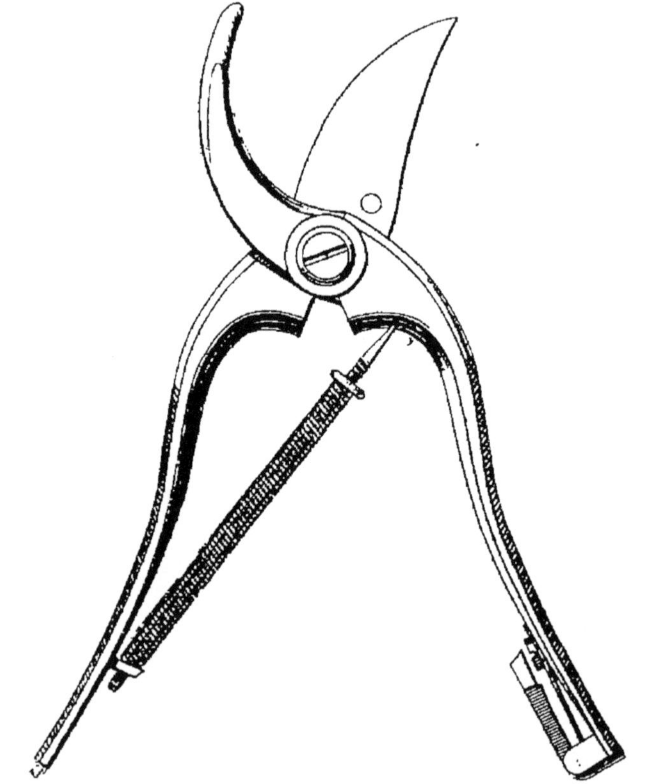

Fig. 7. — Sécateur Pradines, avec ressort à boudin.

l'incline légèrement de ce côté, on fait en même temps pression de la main droite sur l'instrument, et le rameau se trouve coupé sans aucune mutilation.

Les meilleurs sécateurs sont ceux de Pradines, Aubry, Lefebvre, Saladin. Ces instruments sont d'une justesse irréprochable.

Pendant le travail on mettra de temps en temps une goutte d'huile sur la vis. — Après s'être servi du sécateur, il faudra le bien nettoyer, bien l'essuyer, et le tenir légèrement gras à l'aide d'un chiffon huilé. De cette manière on aura toujours un outil très propre et hors d'atteinte de la rouille.

3° L'égohine, figure 8, est un instrument indispen-

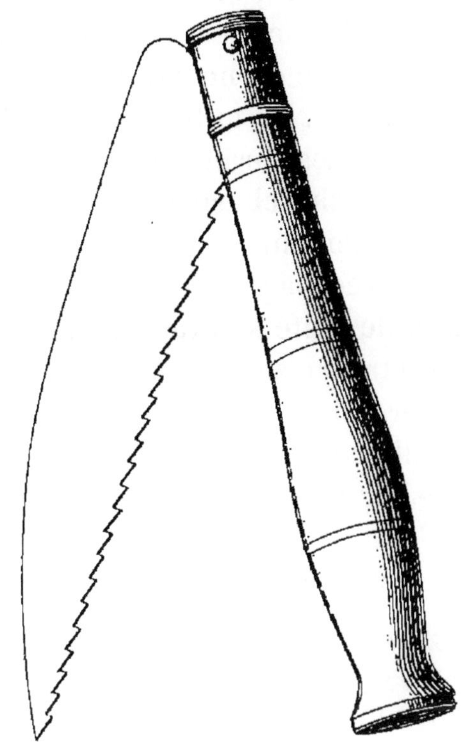

Fig. 8. — Égohine à manche de buis.

sable pour la suppression des grosses branches et du bois mort. Il est nécessaire de parer à la serpette les plaies faites par l'égohine, et de les enduire ensuite de mastic afin d'en faciliter le recouvrement.

Des époques de la taille.

Nous distinguons 2 sortes de tailles bien différentes :

1° La taille d'hiver, ou taille en sec;
2° La taille d'été.

La taille d'hiver se fait pendant le repos de la végétation, de la fin d'octobre à la fin de mars. Cependant il ne faut pas tailler quand il gèle, ni lorsque le bois est couvert de givre, le bois se trouvant gelé, on risque fort d'endommager l'œil qui avoisine la coupe. Il est préférable de ne tailler les prolongements qu'après l'hiver. La taille d'hiver comprend : la coupe des différentes branches fruitières sur le parcours de la branche charpentière, la coupe des rameaux de prolongement, le rapprochement, le rajeunissement, le recepage, les incisions, les entailles, etc. La taille d'été se pratique depuis le moment où la végétation se met en pleine activité, c'est-à-dire des premiers jours de mai, jusqu'à la fin de septembre. Elle comprend le pincement, la taille en vert, la taille sur ride, la taille d'août, le cassement, etc.

Comme nous le voyons, il faut s'occuper des arbres toute l'année.

Différentes manières de faire la coupe.

Il y a différentes manières de faire la coupe sur le prolongement d'une branche charpentière, selon l'époque où l'on taille et selon la vigueur de l'arbre.

Une coupe bien faite est toujours oblique et le bas de la coupe du côté opposé à l'œil. Si l'on a besoin de modérer le développement d'une branche charpentière, on éventera l'œil; pour cela on fera une coupe oblique comme l'indique la figure 9, la base de la coupe commencera au-dessous de l'œil. La coupe ordinaire se fera près de l'œil, c'est-à-dire le bas de

coupe au niveau de la partie supérieure de l'œil, fig. 10 ;
c'est cette taille que l'on doit mettre en usage à partir
de la fin de février. Au contraire, si l'on taille avant
l'hiver ou si l'on veut favoriser le développement de
l'œil sur lequel on taille, on lui laissera un onglet

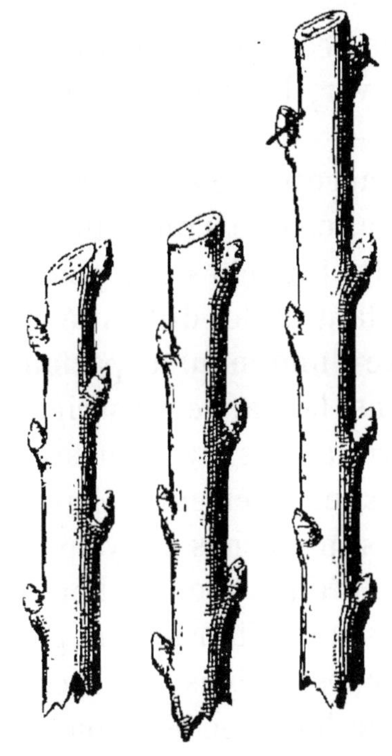

Fig. 9, 10 et 11.—Différentes manières de faire la coupe sur les
prolongements.

de 10 à 12 centimètres en éborgnant les 2 yeux de la
partie supérieure, comme il est prescrit fig. 11. Beaucoup de personnes se servent de cet onglet pour palisser le bourgeon, qui se développera à l'extrémité
de la branche au commencement de la végétation et
deviendra à son tour prolongement de la branche
charpentière. En effet, étant palissé sur l'onglet à
l'état herbacé, ce bourgeon n'aura pas l'inconvénient

de former à sa base un coude désagréable, comme
on le voit trop souvent malheureusement. A la taille
suivante on fait suppression de cet onglet.

Répartition de la sève.

Rien n'est plus beau qu'un arbre bien équilibré;
mais, pour y arriver, il faut tenir compte de beaucoup
de choses.

Il est d'abord nécessaire de donner une forme régulière à l'arbre, ce que l'on obtient en veillant au
développement des branches charpentières. Dans ce
premier travail, la grande difficulté est d'arriver à
équilibrer la sève d'une manière parfaite; autrement,
étant attirée dans la partie supérieure de l'arbre,
celle-ci deviendra la plus vigoureuse et nous verrons
de suite les branches inférieures dépérir.

Nous possédons plusieurs moyens pour arriver à
équilibrer la sève d'un arbre. Un bon moyen dans la
taille d'hiver, c'est de tailler peu ou pas du tout l'extrémité des branches faibles, de raccourcir les rameaux de la partie forte, en les ramenant à une longueur, même un peu moindre que celle de la partie
faible; d'attacher et de serrer fortement la branche de
la partie forte et de laisser la branche de la partie
faible en liberté. A la suite de cette opération la sève
sera disposée à se reporter d'une manière égale dans
toutes les directions de l'arbre.

Pendant le courant de la végétation nous avons
recours à une quantité d'autres moyens.

1° Aux incisions longitudinales, pour délier les
écorces et amener la sève dans les parties durcies.

2° Aux pincements herbacés sur la partie forte, et
laisser en pleine liberté le bourgeon de la partie

faible. De la sorte nous ralentissons la végétation de la partie forte en la refoulant sur la partie faible.

3° Si un prolongement de branche charpentière s'allonge trop vite, par rapport à celui qui doit lui faire équilibre, on pincera le premier à environ 30 centimètres quand il aura atteint 40 centimètres et on laissera l'autre en liberté : au besoin même on détachera et on éloignera ce dernier du mur pour lui faire acquérir plus de développement. La différence n'étant pas aussi grande entre les deux prolongements, on attachera le plus vigoureux dans une position horizontale et on laissera le plus faible en liberté.

4° On peut aussi faire suppression d'un certain nombre de feuilles dans une partie vigoureuse, mais en ayant soin de conserver le pétiole. Un bon moyen est encore de laisser une grande quantité de fruits sur une partie forte et d'en faire la suppression complète sur la partie faible.

DES DIFFÉRENTS ORGANES DE LA BRANCHE CHARPENTIÈRE DU POIRIER ET DE LEUR TRAITEMENT

La taille est très utile pour la formation de l'arbre, mais dans le traitement de la branche fruitière elle n'est qu'une question de second ordre par rapport au pincement. Ceci dit, nous allons parler des différents organes de la branche charpentière du Poirier et de leur traitement.

Sur une *branche charpentière* de plusieurs années, on trouve : des brindilles, dards, lambourdes ou boutons à fruits, bourses, branches fruitières (ou coursonne), rameaux à fruits, et gourmands.

De la *Brindille* : La brindille (fig. 12) est un petit rameau grêle et flexible variant de 8 à 20 même jusqu'à 25 centimètres. Elle se trouve principalement sur les arbres faibles et manquant de vigueur. Malgré cela, on la rencontre aussi sur les arbres vigoureux.

On la fait mettre à fruit soit en l'arquant, soit par un pincement à 2 ou 3 feuilles comme l'indique la figure 13; cette dernière manière est préférable en ce sens que le fruit se trouve plus rapproché de la branche charpentière. Nous remarquons assez souvent que, dans beaucoup de variétés, l'œil terminal se transforme naturellement en bouton à fruit (fig. 12).

Aussitôt le fruit récolté on se rapprochera sur le ou les boutons à fruits qui se trouvent au-dessous ; s'il n'en existe pas on taillera au-dessus du deuxième ou troisième œil en *a* (fig. 12).

Le *Dard* (fig. 14) est un œil qui se développe très lentement et devient ligneux sans dépasser une longueur variant de 1 à 8 centimètres. On le rencontre sur toutes les parties de l'arbre.

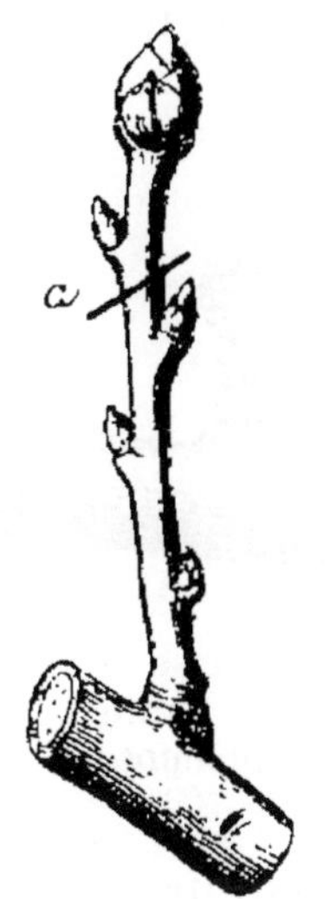
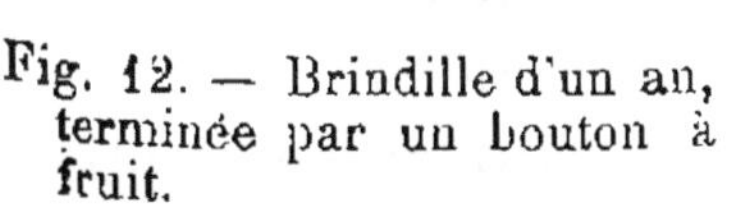
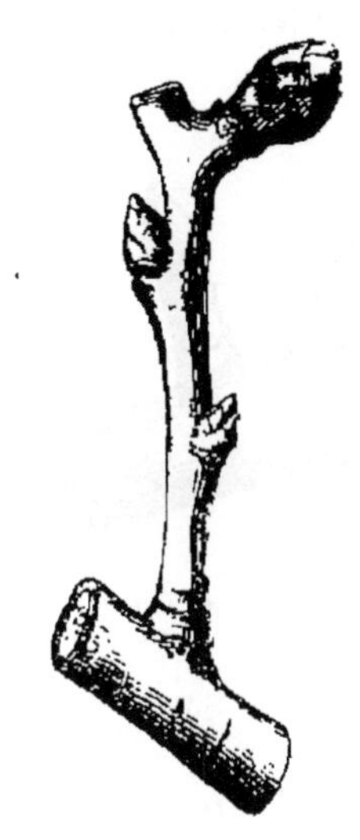

Fig. 12. — Brindille d'un an, terminée par un bouton à fruit.

Fig. 13. — Résultat du pincement de la brindille.

La première année, il a une forme pointue et est accompagné de 3 ou 4 feuilles. La deuxième année, il s'allonge un peu, se ride circulairement et possède de 4 à 6 même 8 feuilles. Si le dard porte 7 ou 8 feuilles et que l'œil terminal s'arrondisse, il se transforme à fruit et par conséquent devient lambourde dès la fin de la seconde année.

Il reste parfois à l'état de dard plusieurs années et se transforme ensuite à fruit, c'est-à-dire porte un bourgeon à fleurs, ou bien se développe à bois, c'est-à-dire devient rameau feuillé selon les conditions dans lesquelles il se trouve placé.

Il arrive parfois que sur des arbres féconds le dard (fig. 15) se transforme en lambourde l'année même de son développement.

Un dard de 4 à 8 centimètres de long est le meilleur pour une bonne production fruitière. S'il est petit avec production fruitière, on laisse nouer le fruit et on l'enlève aussitôt après pour amener la sève dans

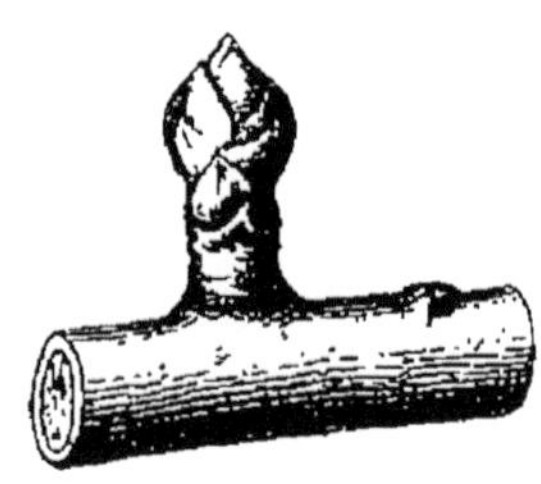

Fig. 14. — Le dard.   Fig. 15. — Dard se transformant en lambourde l'année même de son développement.

ce dard si faible ; s'il est âgé de plusieurs années et est par trop long, on le taille au-dessus des premières rides (Voir lambourde, fig. 17). Et s'il dépasse 8 centimètres de long il devient brindille ou se développe en rameau à bois.

S'il devient brindille, on le traite comme il est dit fig. 12 et s'il devient rameau à bois il sera traité comme il est prescrit fig. 16 Cette figure représente un dard qui partait à bois et que l'on a coupé sur les rides au point *a* ; les deux dards et la lambourde qui entourent cette coupe, en sont les résultats.

La *lambourde* est un dard terminé par un bouton à fruit en B (fig. 16). Sur des arbres très fertiles, un petit rameau peut paraître avec un bouton à fruit à son extrémité l'année même de sa formation ; c'est une lambourde d'un an à écorce lisse. Une lambourde sur bois âgé à l'écorce ridée, fleurit bien mais fructifie mal. Il est préférable d'avoir des lambourdes

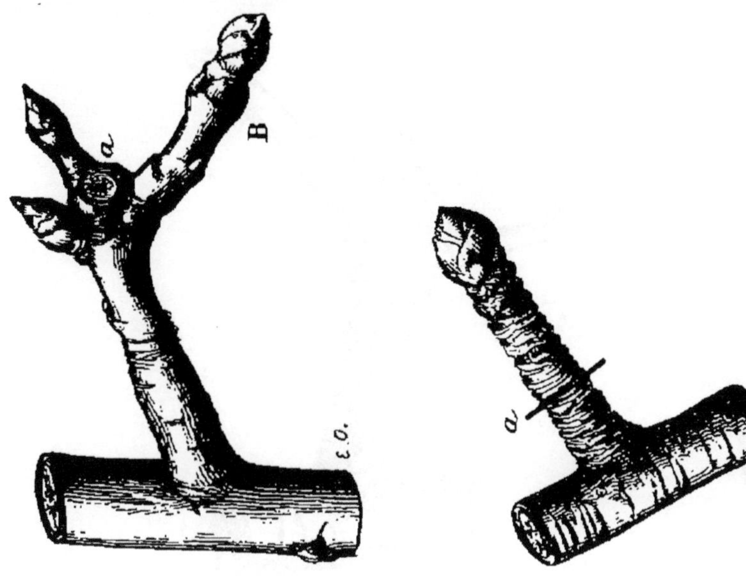

Fig. 16. — Résultat de la taille   Fig. 17. — Lambourde à
      sur rides.   écorce ridée.

de 3 ou 4 ans, le fruit est plus assuré et vient plus beau.

La bourse est le renflement charnu (fig. 18), qui a supporté le fruit, et sur laquelle, l'année suivante, il naît des yeux, des dards, des brindilles, même des rameaux à bois.

Lorsqu'elle a donné son fruit, à la taille on supprimera à son extrémité environ le tiers de sa longueur, ce qui s'appelle rafraîchir la bourse, en *a* (fig. 18).

Branche fruitière ou coursonne (fig. 19). La branche fruitière est ordinairement âgée de plusieurs années, il faut la tenir aussi courte que possible. Sa longueur varie de 5 à 15 centimètres. Son caractère principal est d'être garnie de lambourdes, de bourses, de petits dards, de rameaux à bois et quelquefois de brindilles. Sa nature est de donner du fruit, et nous re-

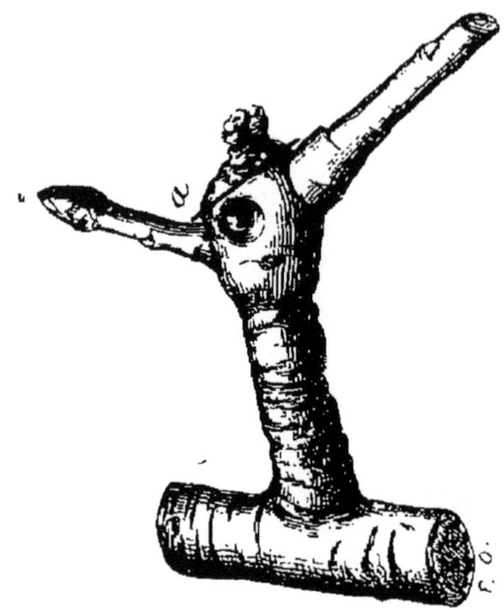

Fig. 18. — La bourse.

commandons de ne pas la faire produire trop abon-

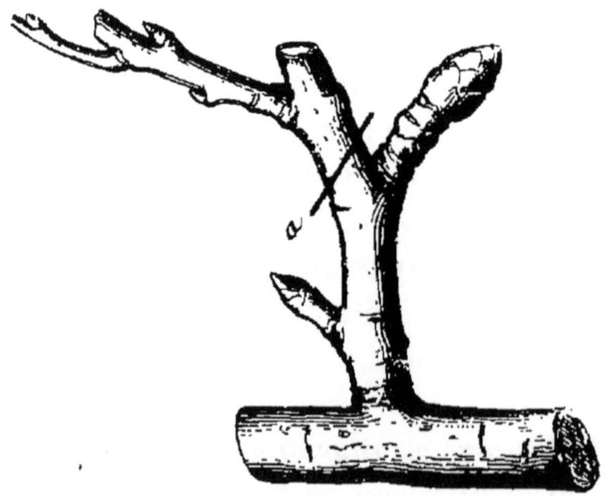

Fig. 19. — Branche fruitière ou coursonne.

damment, dans la crainte de l'épuiser trop vite.
Pour la rajeunir nous devrons la tailler, en *a*

(fig. 19), au-dessus du bouton à fruit ou des dards les plus rapprochés de la base.

Fig. 20. — Le rameau à fruit.   Fig. 21. — Le gourmand du poirier.

Le *rameau à fruit* (fig. 20) ne se rencontre que sur des arbres extrêmement fertiles, ou languissants; il se développe à la suite d'une transplantation ou par l'épuisement du sol. L'extrémité du rameau et tous les derniers yeux axillaires étant boutons à fruit, nous en ferons la suppression comme il est dit plus loin pour un rameau n'ayant pas de lambourde, c'est-à-dire à 3 yeux bien formés au-dessus de l'empatement en *a* (fig. 20).

Le *gourmand* (fig. 21) est un rameau qui prend un accroissement énorme. Les yeux situés près de la base sont très petits et éloignés les uns des autres; ceux de la partie supérieure sont gros et souvent développés en faux bourgeons. Il naît sur la tige, sur le dessus des branches charpentières, près des coudes, là où la sève est ralentie. Le gourmand est d'une grande importance pour rétablir la charpente d'un arbre. Étant surveillé et pincé à temps il fera aussi une bonne branche fruitière; mais, si on lui laisse acquérir toute sa croissance, il vaudra mieux le supprimer sur son empatement, aux yeux stipulaires — en *a* (fig. 24).

1° *Branche fruitière ou coursonne de poirier d'un an ayant une lambourde* (fig. 22). Il peut résulter, d'un pincement bien pratiqué pendant le courant de la végétation, que le dard qui avoisine le premier pincement se transforme à fruit l'année même de la formation du rameau; en ce cas, on taillera le rameau juste au-dessus du bouton à fruit au point A (fig. 22).

2° *Branche fruitière d'un an n'ayant qu'un dard* (fig. 23). Si cette branche fruitière a 2 yeux au-dessous du dard et que l'arbre soit d'une bonne vigueur, on fera la taille, non pas directement sur le dard, mais à un œil au-dessus en B (fig. 23); de cette

façon, l'œil tire-sève qui se trouve au-dessus se développera et sera pincé d'après les principes donnés

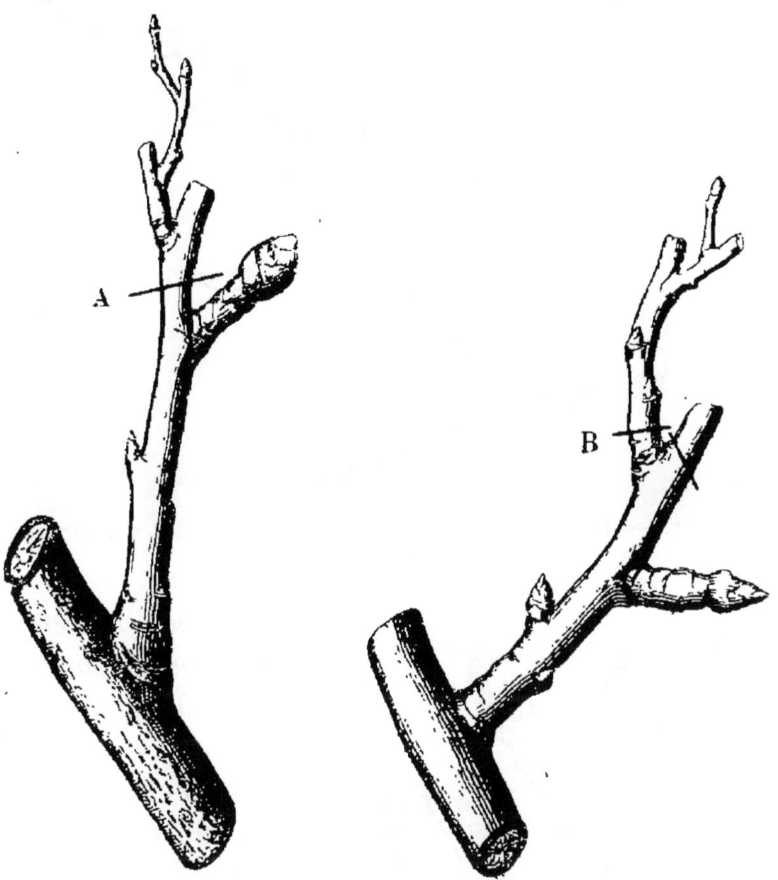

Fig. 22. — Branche fruitière
d'un an ayant une lam-
bourde.

Fig. 23. — Branche fruitière d'un
an n'ayant qu'un dard.

plus loin, et le dard se transformera en bouton à fruit.

3° *Branche fruitière de poirier de plusieurs années dépourvue de lambourdes* (fig. 24).

Sur cette branche fruitière, où nous rencontrons
2 dards sur le vieux bois et un rameau d'un an ayant
subi plusieurs pincements, il faudra tailler sur deux
yeux au-dessus du deuxième dard, en A fig. 24, pour
empêcher ces derniers de se développer à bois et

pour faciliter leur transformation en boutons à fruits.

Fig. 24. — Branche fruitière de plusieurs années dépourvue de lambourde.

Fig. 25.— Branche fruitière de plusieurs années, possédant une ou plusieurs lambourdes.

4° *Branche fruitière de plusieurs années possédant une ou plusieurs lambour-des* (fig. 25).

Cette branche fruitière sera taillée au-dessus de la lambourde inférieure en B (fig. 25) si elle est bien constituée; dans le cas contraire, nous la taillerons au-dessus de la lambourde supérieure en A, même figure.

5° *Branche fruitière couverte de vieilles lambour-des* (fig. 26). Sur des arbres âgés ou très fertiles, nous rencontrons de vieilles lambourdes qui ont donné du fruit pendant un certain nombre d'années et qui se couvrent encore d'un quantité de productions fruitières.

Fig. 26. — Branche fruitière couverte de vieilles lambourdes.

Il est nécessaire, si nous voulons conserver la vie de notre arbre, de supprimer les vieilles lambourdes qui sont dans la partie supérieure en taillant aux points C, C, et en rafraîchissant l'extrémité de la bourse D (fig. 26).

Il est un fait certain que nous devons opérer ces rapprochements en raison de la vigueur de l'arbre. Moins l'arbre sera vigoureux, plus le rapprochement sera accentué ; il en sera différemment dans le cas contraire.

Nous venons bien de donner ci-dessus la manière de tailler les diverses branches fruitières que nous

Fig. 27. — Branche fruitière n'ayant subi aucun pincement.

rencontrons le plus souvent sur le poirier. Mais, à côté de cela, nous rencontrons aussi sur le parcours de nos branches charpentières : 1° des rameaux qui ont été pincés trop long. Ces rameaux seront taillés à 3 ou 4 yeux; s'ils sont trop forts, on les supprimera sur leur empatement.

2° Sur une branche fruitière qui n'a subi aucun pincement, il peut exister 3 ou 4 rameaux.

On fera suppression des rameaux les plus élevés

et les plus vigoureux par une taille en éventant sur le rameau le plus bas en A (fig. 27); ou sur l'empatement de la branche fruitière s'il existe un rameau à sa base en B (fig. 28).

3° Sur des poiriers, qui ont été mal soignés, négli-

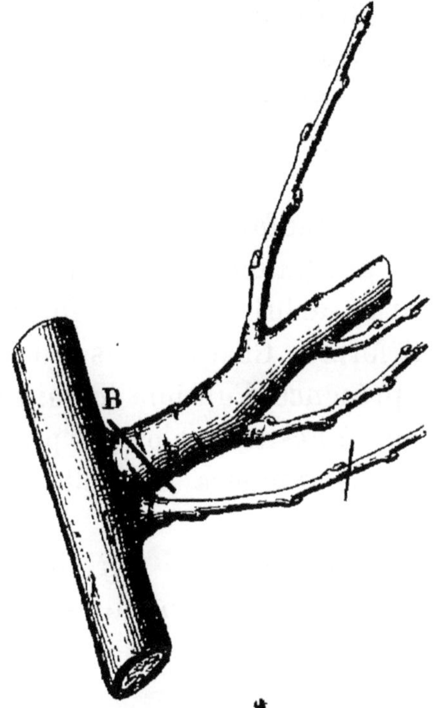

Fig. 28. — Branche fruitière n'ayant subi aucun pincement et possédant un rameau à sa base.

gés à la taille, nous apercevons très souvent sur les branches charpentières principalement dans la direction horizontale, des branches fruitières converties en tête de saule.

Le seul travail à faire en pareille circonstance, consiste à la suppression de ces têtes de saule par un rapprochement direct sur la branche de charpente; en ayant soin de ménager toutes les petites productions fruitières avoisinantes.

Rapprochement.

Rapprocher un arbre, c'est tailler les branches sur le bois des années précédentes. Cette opération se pratique dans le but de rajeunir l'arbre, de rétablir l'équilibre entre toutes les branches charpentières et de regarnir ces dernières de nouvelles coursonnes. Il y a nécessité de faire cette opération en une seule fois.

Le rapprochement se fait aussi bien sur des branches charpentières d'une palmette, que sur une pyramide et est utile pour un arbre qui a été formé trop vite, ou qui est mal formé. Chaque fois que nous nous trouverons en présence d'un bon terrain et d'arbres vigoureux, nous n'hésiterons pas de pratiquer cette opération qui nous donnera d'excellents résultats, au bout de 3 ou 4 ans.

On peut le pratiquer aussi sur des arbres languissants, mais avec beaucoup moins de chance de réussir.

Manière de rapprocher une pyramide.

Si la pyramide que nous voulons rétablir est emportée comme un baliveau (fig. 29), ou qu'elle soit complètement dénudée vers la base, voici comment nous procéderons : si les branches de la base ont 70 centimètres de longueur, nous couperons l'axe central de la pyramide à environ 2 mètres 10 de hauteur en A (fig. 29), hauteur mesurée de la naissance de la première série de branches charpentières. Ces branches ne seront pas taillées, et les autres séries seront coupées d'après les principes donnés plus loin dans des proportions d'autant plus

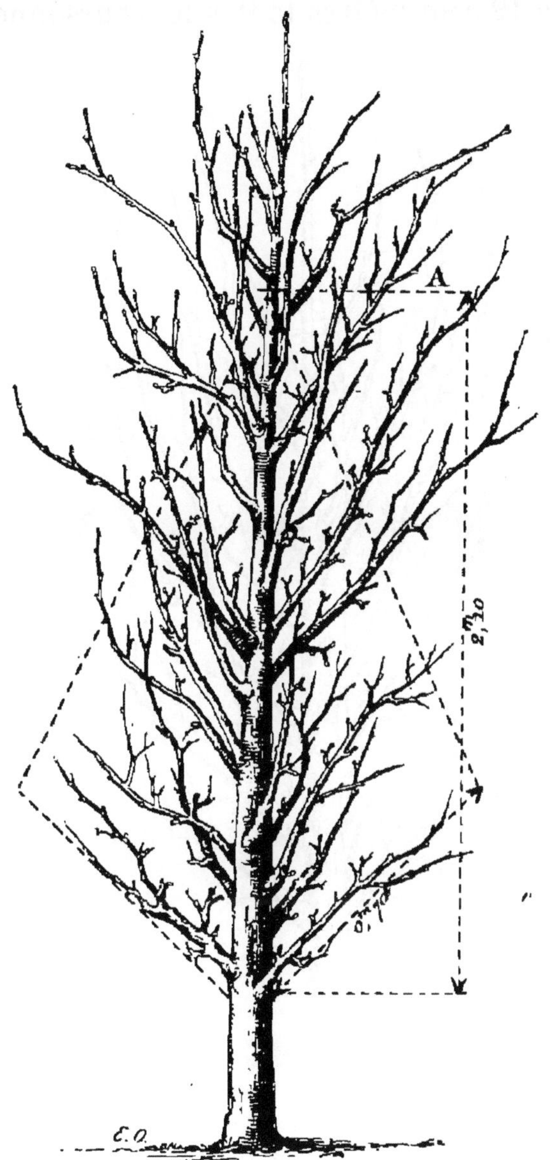

Fig. 29. — Rapprochement d'une pyramide dont la base
est affaiblie.

courtes que nous nous rapprocherons du point A,
sommet de notre pyramide.

En rapprochant nous supprimerons sur les

branches charpentières et sur une longueur d'environ 10 à 12 centimètres toutes les coursonnes avoisi-

Fig. 30. — Rapprochement d'une pyramide dont la base est trop forte.

nant la coupe en ayant soin de conserver l'empatement. Cette opération facilitera le repercement des yeux adventifs qui se développeront en bourgeons.

Parmi ces derniers nous choisirons le mieux placé

et le plus vigoureux pour prolongement de la branche charpentière. Il en sera de même pour toutes les branches charpentières.

Si notre pyramide a la base trop forte (fig. 30), nous rabattrons la tige à environ 45 centimètres au-dessus de la série supérieure la mieux constituée, en A, même figure, et toutes les séries inférieures seront rapprochées en proportion de la position qu'elles occupent sur l'arbre, d'après les principes prescrits plus haut (*approximativement, chaque branche charpentière ne doit avoir en longueur que le tiers de la hauteur totale de la pyramide*). Exemple : pour une pyramide de 2 m. 10 de hauteur, les branches de la première série doivent avoir de 70 à 80 centimètres de longueur.

Rajeunissement.

S'il est une opération énergique c'est le rajeunissement. Dans ce travail on fait suppression de toutes les branches charpentières sur leur empatement.

On opère ce travail, sur palmette ou sur pyramide, et aussi, sur des arbres âgés assez bien portants, mal formés, et exempts de maladies.

A la suite de ce travail les yeux adventifs se développeront et fourniront de nouveaux bourgeons, parmi lesquels nous choisirons les plus vigoureux et les mieux placés pour reconstituer une nouvelle charpente et nous supprimerons les autres. Pour faciliter leur sortie on enlève les vieilles écorces, à l'aide d'un gratte-mousse, avant le développement des bourgeons ; de la sorte on reforme un arbre très promptement.

Recepage.

Le recepage a pour but de couper l'arbre près du collet, afin de reconstituer entièrement sa charpente, ce moyen peut être employé pour toutes les essences fruitières, mais réussit moins bien sur les arbres à fruits à noyaux.

On le pratique souvent sur des jeunes arbres lorsqu'ils sont mal formés ou ont été brisés par les vents. Cette opération se fait aussi très avantageusement sur les vieux arbres qui ont encore assez de vigueur pour émettre de jeunes bourgeons.

A la suite de l'hiver 1879-1880, pendant lequel une grande quantité d'arbres ont été gelés, ce travail a été fait dans beaucoup d'endroits, et, dans les bons terrains, on a pu reconstituer très rapidement de très beaux arbres, qui, aujourd'hui, donnent encore du fruit en grande abondance.

Un autre exemple qui prouve l'utilité du recepage : possédons-nous de vieux poiriers, en cordons simples ou formés en U, épuisés et ne donnant plus de fruits. Nous les couperons au-dessus du collet, et nous choisirons un ou deux bourgeons vigoureux pour reformer la charpente selon la forme à donner à notre arbre. Dès la troisième année nous récolterons un peu de fruit, la quatrième année davantage, et la cinquième année nous aurons une récolte abondante.

Il est de toute utilité de recouvrir de mastic Lhomme-Lefort, Goussard, Albrand, Fichet, pour faciliter le recouvrement des plaies qui ont été faites par la suppression de fortes branches.

Entailles.

L'entaille ou cran consiste à enlever une partie d'écorce variant de 4 à 6 millimètres, suivant la force de la tige, de la branche, ou de l'œil sur lequel on opère ; elle se pratique jusqu'à l'aubier de manière à interrompre momentanément l'ascension de la sève. On la fait à environ un demi-centimètre au-dessus de l'œil (fig. 31). Pour faire développer

Fig. 31. — Entaille et incision triple.

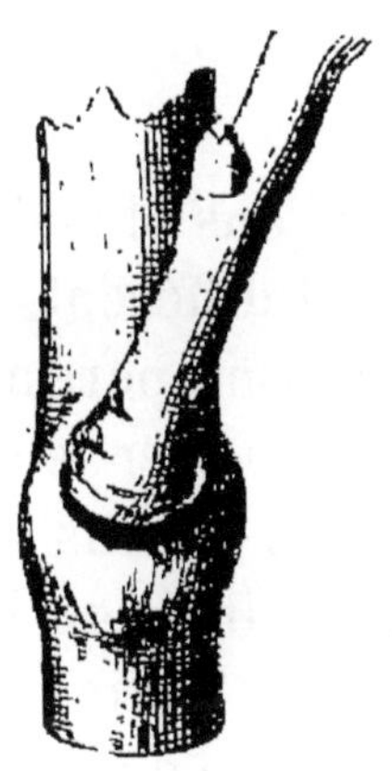

Fig. 32. — Entaille sur empatement d'une branche.

l'œil ou la branche trop faible, c'est au mois de mars ou d'avril que l'on pratique l'entaille au moment où la sève se met en mouvement ; son cours se trouvant interrompu par l'entaille, fait dévier ce liquide dans l'organe faible et favorise son développement.

Si l'œil sur lequel on a opéré ne se développe que très faiblement, il sera nécessaire de renouveler l'opération l'année suivante à la même époque. L'entaille se fait aussi au-dessous d'une branche pour l'empêcher de prendre un trop grand dévelopement ; elle se pratique sur l'empatement et elle sera d'autant plus profonde que la branche sera forte (fig. 32).

Par cette entaille, la sève, se trouvant dérangée, n'arrive pas aussi directement dans la branche et cette dernière se trouve affaiblie.

Il faut éviter autant que possible de pratiquer des entailles sur les arbres à fruits à noyau, car elles peuvent occasionner la gomme et amener la perte de l'arbre.

Incisions.

Nous avons plusieurs sortes d'incisions, dont les effets sont différents, suivant la manière dont on les pratique. On opère au printemps.

Pour favoriser le développement de l'œil ou de la branche au-dessus desquels on a fait une entaille, on fait une incision longitudinale prenant naissance à la base de cet œil et une de chaque côté, ayant pour point de départ le sommet de celle du milieu et s'écartant vers la base en triangle, comme il est prescrit figure 31. Cette incision triple sert à amener la sève dans l'organe au-dessus duquel on a fait l'entaille.

Incision longitudinale ordinaire.

Cette incision s'opère sur les arbres ou les branches, dont l'écorce est endurcie. La sève ne circulant pas avec autant de facilité, il en résulte que la branche n'acquiert pas l'accroissement qu'elle devrait obtenir. En ce cas on incise avec la pointe de la serpette, en l'enfonçant jusqu'à l'aubier sans l'attaquer, de cette manière l'écorce se dilate, la sève arrive avéc plus d'abondance et la branche ou l'arbre se fortifie.

On peut pratiquer cette incision soit sur la tige d'un arbre, soit sur le collet, même au point de soudure de la greffe, elle est souvent utile dans ce cas pour favoriser le développement ou de l'arbre ou du porte-greffe ; on laissera un intervalle d'environ 3 à 5 centimètres entre chaque incision, en évitant de les pratiquer du côté du midi.

On opère également les incisions sur les arbres à fruits à noyau pendant le cours de la végétation. Sur ces derniers elles sont aussi d'une grande utilité pour les préserver de la gomme ; malgré cela, il ne faut pas en abuser, il est préférable d'agir avec beaucoup de prudence et de ménagement.

L'incision transversale se fait avec le tranchant de la serpette, en coupant l'écorce et sans l'enlever à 4 ou 5 millimètres au-dessus de l'œil, la sève se trouvant momentanément interrompue, afflue dans l'œil et facilite son développement. Sur une branche d'une circonférence trop faible pour supporter l'entaille, nous pratiquerons l'incision transversale, d'autant plus que, dans bien des cas, elle est suffisante pour assurer le développement du bourgeon.

Incision annulaire.

L'incision annulaire se fait sur les arbres à fruits à pépins au printemps ; au moment du départ de la sève.

L'opération consiste à enlever avec un inciseur un anneau d'écorce dont la largeur peut varier de 4 à 10 millimètres, selon la force de la branche.

On peut la pratiquer : 1° sur quelques branches d'un

arbre très vigoureux que l'on ne peut pas mettre à fruit, il ne tardera pas à s'affaiblir; 2° pour faire développer du bois à la partie inférieure. Elle hâte aussi la maturité du fruit, mais lui retire de la saveur.

Ne jamais faire ce genre d'incision sur un arbre manquant de vigueur, ce serait sa perte immédiate. En un mot ne pratiquer cette opération que très rarement, car elle affaiblit trop l'arbre, d'autant plus que nous avons des moyens bien plus pratiques pour assurer sa fructification.

Eborgnage.

L'éborgnage se fait au moment de la taille : c'est la suppression des yeux jugés inutiles, qu'il serait nécessaire d'enlever plus tard au moment de l'ébourgeonnement. De cette manière on utilise toute la sève qui aurait été employée en pure perte en laissant ces bourgeons se développer. On pratique l'éborgnage, sur les flèches des pyramides, sur les rameaux de prolongement des palmettes, fuseaux, etc.

Lorsque les yeux latéraux qui prennent naissance sur un rameau de prolongement seront allongés d'environ 10 millim. (fig. 33), on les enlèvera soit avec l'ongle, soit avec la serpette, en conservant l'empatement ou pour mieux dire en ménageant les yeux stipulaires. comme il est démontré en A, B, C, D, figure 33. Ce travail est d'une grande utilité dans le voisinage des yeux

Fig. 33. — De l'éborgnage.

terminaux ou sur le dessus des jeunes branches charpentières, en ce sens que, l'œil principal se trouvant éborgné, la sève se trouve refoulée dans les yeux stipulaires et le développement de l'œil terminal ou œil de flèche, ou de prolongement, s'en trouve favorisé.

Arcure.

L'arcure consiste à courber en demi-cercle les branches d'un arbre, l'extrémité sera inclinée vers le sol et maintenue dans cette position à l'aide d'une ligature. Par le moyen de cette courbure le mouvement de la sève se trouve ralenti et les yeux, au lieu de se développer à bois, se transforment en dard, brindilles et bientôt en boutons à fruits.

Sur les arbres très vigoureux que l'on ne peut faire fructifier, ni par une taille longue, ni par les pincements répétés, ce moyen est excellent, mais on ne devra l'employer qu'en dernier lieu. Nous recommandons aussi de ne pratiquer l'arcure sur un arbre que partiellement, de peur d'épuiser l'arbre trop vite.

Lorsque notre arbre sera à fruit, nous ferons disparaître aussitôt l'arcure en replaçant les branches dans leur position primitive ; les bourses, les dards et les lambourdes nous suffiront pour nous assurer une production future.

Du palissage.

Le palissage est indispensable pour fixer l'arbre soit au mur soit au contre-espalier, et pour lui donner en même temps une forme.

Nous distinguons deux sortes de palissages, l'un en sec, l'autre en vert.

Le palissage en sec peut se faire pendant tout l'hiver, mais de préférence après la taille.

Au long du mur il peut se faire de deux manières : 1° A l'aide de petits morceaux de drap pliés en deux, qui envelopperont la branche sans trop la serrer et, dont les extrémités seront fixées au mur par un clou : ce travail se nomme le palissage à la loque. Ce système est très avantageux pour le dressage des arbres, en ce sens qu'il permet de fixer la branche juste à l'endroit désigné ; mais il est plus long et plus difficile à faire que le palissage sur treillage, d'autant plus qu'il exige un enduit de plâtre d'un épaisseur de 3 centimètres environ. 2° Le palissage sur treillage se fait le long d'un mur, comme en contre-espalier, avec de l'osier ; ce moyen est de beaucoup plus expéditif que le précédent

Pour assurer à l'arbre une régularité parfaite, il est nécessaire de placer les branches charpentières à égale distance et de faire des ligatures propres, soignées et solides.

Le palissage en vert se fait pendant tout le courant de la végétation. Les bourgeons étant herbacés, ce travail se fait sur le treillage à l'aide de jonc et sur le mur à l'aide du clou et de la loque.

Dans ce travail nous devons palisser les bourgeons qui poussent avec beaucoup de vigueur les premiers, en les serrant un peu pour provoquer un ralentissement de la sève.

Pour un bourgeon faible, nous le laisserons en liberté pendant quelque temps, nous l'éloignerons même du mur pour le fortifier, et, lorsqu'il aura acquis assez de consistance pour subir un palissage, il sera attaché d'une manière lâche à seule fin qu'il puisse pousser librement.

En un mot, dans le palissage, nous rapprocherons d'une direction verticale un bourgeon faible et, au contraire, nous inclinerons momentanément le bourgeon vigoureux pour assurer l'équilibre de la sève; nous agirons toujours ainsi pour acquérir le même développement sur deux branches prenant naissance au même point.

Nous surveillerons aussi d'une manière très attentive les ligatures; pour éviter les étranglements et bourrelets qui se produiraient si le bourgeon était trop serré.

Les deux genres de palissage prescrits ci-dessus, sont les moyens les plus puissants pour former un arbre et maintenir l'équilibre dans toutes ses parties, mais à une condition, c'est qu'ils soient faits d'après les détails indiqués plus haut, qui consistent à surveiller constamment la végétation du sujet.

De l'ébourgeonnement.

L'ébourgeonnement est utile à la formation du poirier et de tous les arbres en général.

Ce travail consiste à faire suppression de tous les bourgeons inutiles qui se développent sur un même point et qui, s'ils étaient conservés, absorberaient une grande quantité de la sève nécessaire à ceux qui doivent rester.

Comme on peut le voir, ce travail demande beaucoup d'attention et doit se faire graduellement pour éviter autant que possible le ralentissement de la sève. Il devra se faire dès le commencement de la végétation et dans différents cas.

Le choix du bourgeon à conserver dépendra de sa situation sur la branche charpentière. Toutes les pousses mal placées sur le dessus et sur le derrière des branches d'un arbre en espalier seront enlevées, sauf si elles peuvent être nécessaires pour combler un vide ; dans ce cas, on a aussi recours à la greffe. Lorsque 2 ou 3 bourgeons se développent sur le dessus d'une branche charpentière, on ne conservera que le plus faible ; si ces bourgeons, au contraire, prennent naissance en dessous, on gardera le plus fort.

Si 2 ou 3 bourgeons naissent à l'extrémité d'une branche de charpente, on fera suppression des faibles et on gardera le plus fort, comme prolongement. Il y a cependant exception, si cette branche forme l'axe central d'un arbre, les plus forts seront supprimés et le plus faible sera conservé.

L'ébourgeonnement se pratique aussi, dans d'autres cas, sur une branche charpentière sur le dessus de laquelle on aura supprimé un gourmand, à la taille en sec. Si nous voyons se développer sur son empatement plusieurs bourgeons, nous ferons suppression de tous ceux qui se développeront dans une direction verticale et nous ne garderons que le plus faible qui se rapprochera le plus de la direction horizontale.

Dans l'ébourgeonnement il faut faire suppression des bourgeons inutiles lorsqu'ils ont atteint une longueur de 5 à 8 centimètres au plus, en les enlevant nettement avec l'épluchoir. Si ce travail est fait trop tôt, il repart une quantité de faux bourgeons, ce qui est désagréable ; si au contraire il est fait trop tard, il ralentit la végétation, qui abandonne la direction de la pousse que l'on veut conserver et la sève se reporte dans d'autres parties.

Du pincement.

Le pincement est assurément une des opérations les plus importantes dans la conduite et la forme à donner aux arbres fruitiers. Nous disons même la condition essentielle pour amener le poirier en voie de fructification. Il consiste à enlever avec les doigts l'extrémité d'un bourgeon herbacé ou avec l'éplu-choir l'extrémité du bourgeon qui commencerait à devenir ligneux.

Il est nécessaire de ne pas opérer le pincement d'un arbre en une seule fois dans la crainte d'occasionner un refoulement de sève qui lui serait nuisible et qui provoquerait le départ à bois des dards susceptibles de se transformer en lambourdes pour l'année suivante.

Le pincement doit se faire avec beaucoup de soin dans le voisinage des bourgeons de prolongement, à seule fin que ceux-ci acquièrent de suite une partie de la force qui leur est nécessaire pour former plus tard de bonnes branches de charpente. On commencera par pincer les bourgeons forts, les plus faibles seront pincés un peu plus tard; de cette manière la sève sera attirée à leur profit.

Des règles générales à observer pour le pincement.

D'une manière générale, le premier pincement se fait, selon la vigueur de l'arbre et d'après les organes qui se trouvent sur la branche fruitière, sur une, deux, trois et quatre feuilles possédant des yeux bien constitués à l'aisselle ou, pour mieux dire à la naissance du pétiole.

Sur un bourgeon, nous remarquons que les feuilles situées à la base et constituant ce que nous appelons la rosette, ne possèdent pas d'yeux à leur aisselle; par conséquent pour opérer le pincement à une, deux, trois ou quatre feuilles, nous ne ferons

Fig. 34. — Bourgeon ordinaire.

suppression de l'extrémité du bourgeon qu'au-dessus de la première, deuxième, troisième ou quatrième feuille située au-dessus de la rosette comme il est prescrit dans la figure 34. Cette rosette peut se composer d'un nombre plus ou moins grand de feuilles variant de 3 jusqu'à 6; s'il est nécessaire d'opérer un second, un troisième, un quatrième et même un cinquième pincement, on les pratique sur une feuille ou deux au-dessus du précédent. Sur la branche charpentière comme sur les branches fruitières, nous rencontrons des bourgeons de différentes sortes qui sont : le dard, la brindille, le bourgeon proprement dit, le gourmand et le faux bourgeon.

Il est un fait certain que le pincement variera suivant la nature et la position du bourgeon sur lequel il sera pratiqué.

Des bourgeons prenant naissance sur la branche charpentière.

1° *Le bourgeon* qui se trouve au-dessous du terminal d'une branche charpentière sera coupé sur les yeux stipulaires, lorsqu'il aura atteint environ

Fig. 35. — Brindille pincée.

10 centimètres de long, dans la crainte de le voir se développer en gourmand ; ceux qui prennent naissance au-dessous seront pincés à 3 feuilles au-dessus de la rosette, lorsqu'ils auront environ 15 centimètres de longueur.

S'il s'en trouve plusieurs sur un même point, nous ferons ablation des plus forts sur les yeux stipulaires, nous conserverons le plus faible que nous pincerons d'après les règles voulues, c'est-à-dire à 3 bonnes feuilles.

2° *Le dard* peut se mettre à fruit dans un espace de

Fig. 36. — Bourgeon ordinaire ayant subi 2 ou 3 pincements.

temps plus ou moins long, il peut aussi se transformer en lambourde l'année même de sa formation, de même qu'il peut se développer à bois; cela dépend de la position où il se trouve. Dans le premier cas, il ne sera pas pincé ; dans le second, lorsqu'il se développera en bourgeon, il sera comme tel pincé à 3 feuilles.

3° *La brindille* (fig. 35) sera pincée soit à 2 feuilles, soit à 3 selon la vigueur de l'arbre. Souvent, à la suite de ce pincement, elle se transforme en lambourde (fig. 13) et donne du fruit l'année suivante.

4° On appelle *bourgeon ordinaire* celui qui se développe avec une vigueur moyenne. Il subira 2 ou 3 pincements dans le courant de la végétation

Fig. 37. — Gourmand ayant subi 3 pincements.

(fig. 36); le premier à 3 ou 4 feuilles, et les autres à 1 feuille ou 2 au-dessus du précédent.

5° *Le gourmand* (fig. 37) est un bourgeon très vigoureux; s'il n'est pas pincé à temps, il absorbe toute la sève au détriment des autres et devient extrêmement difficile à transformer en branche fruitière. Lorsqu'il aura une longueur de 8 à 10 centimètres, il sera pincé à 2 ou 3 feuilles; mais sur un bourgeon d'une telle vigueur, il faudra s'attendre à pratiquer plusieurs pincements qui seront nécessaires, et chacun d'eux se fera à une feuille ou 2 seulement au-dessus du précédent.

Comme nous l'indique cette même figure, pour la fin de la végétation on se trouve en présence d'un bourgeon ayant subi plusieurs pincements et n'ayant qu'une longueur de 15 à 20 centimètres, ce qui est une bonne longueur pour une branche fruitière. Mais malgré ce genre de traitement pour le gourmand, il est préférable, à moins d'un grand vide à combler, d'en faire la suppression sur son empatement et d'avoir recours aux yeux stipulaires.

Bourgeons prenant naissance sur la branche fruitière (*ou coursonne*).

1° *Branche fruitière complètement dépourvue de productions fruitières.* Le bourgeon prenant naissance sur ce genre de branche sera pincé comme celui qui naît directement sur la charpente, c'est-à-dire à 3 ou 4 feuilles pourvues d'yeux à l'aisselle.

2° *Branche fruitière possédant un seul dard et un bourgeon* (fig. 38).

Nous avons dit plus haut qu'en règle générale, le pincement se fait sur 1, 2, 3 ou 4 feuilles, selon la vigueur de l'arbre et d'après les organes qui se trouvent sur la branche fruitière ; mais cependant il y a exception. En effet, sur des arbres vigoureux nous avons remarqué depuis plusieurs années qu'au moment du premier pincement, si nous venons, sur une forte branche fruitière ne possédant qu'un dard et un bourgeon, pincer l'extrémité de ce dernier, fût-il herbacé, au-dessus de la troisième ou quatrième feuille, la végétation se trouve refoulée sur le dard qui se développe immédiatement à bois. Il est certain que cet inconvénient se produira au moins neuf fois sur dix.

Fig. 38. — Traitement d'une branche fruitière possédant un seul
dard et un bourgeon.

Pour y remédier, voici l'observation que nous avons faite et qui nous paraît très juste : c'est de laisser le bourgeon se développer à sa guise et de n'en pincer l'extrémité que lorsque sa croissance sera à peu près terminée, comme il est indiqué

Fig. 39. — Traitement d'une branche fruitière possédant 2 dards et un bourgeon.

figure 38. De la sorte, la sève étant absorbée par le bourgeon, le dard, qui se trouve à la base de la branche fruitière, se transformera en lambourde pour la fin de la saison.

Vers la fin d'août, dans la première quinzaine de septembre, à l'aide de la taille d'août, on fera suppression de ce bourgeon laissé comme appel-sève, au-dessus de la troisième feuille, en A même figure. Sur un arbre d'une vigueur ordinaire, le bourgeon prenant naissance sur une branche fruitière, n'ayant qu'un dard, sera pincé à 3 ou 4 feuilles, selon la position de ce dard sur la branche; en pinçant plus court, on s'exposerait à voir la produc-

Fig. 40. — Traitement d'une branche fruitière possédant 3 ou 4 bourgeons.

tion fruitière se développer en faux bourgeons.

3° *Branche fruitière possédant deux dards et un bourgeon* (fig. 39). Le bourgeon qui se développe sur cette branche fruitière, sera pincé un peu plus court, sur 2 ou 3 feuilles.

4° *Branche fruitière possédant 3 ou 4 dards et un bourgeon.* Le bourgeon né sur une branche fruitière ayant 3 ou 4 dards sera pincé sur une feuille ou même sur la rosette. Il y a avantage dans ce cas à pincer très court pour activer la mise à fruit.

5° *Branche fruitière possédant 3 ou 4 bourgeons.* Lorsque 3 ou 4 bourgeons se développent sur une même branche, il est certain que cette branche est très vigoureuse ou a une tendance à le devenir; dans ce cas, on supprime les bourgeons les plus élevés, à l'aide d'une taille en vert pratiquée au-dessus du bourgeon le plus rapproché de la branche charpentière en A (fig. 40). Le seul bourgeon qui restera à la base du rameau sera pincé sur 4 feuilles en B, même figure.

Si l'on conservait tous ces bourgeons, ils absorberaient la sève et se développeraient d'une manière exagérée au détriment des petites productions fruitières, placées à la base de la branche, et ces dernières étant privées de sève et ne recevant aucune lumière, resteraient stériles.

Du faux bourgeon du Poirier.

Nous appelons faux bourgeons tous ceux qui naissent sur les pousses de l'année.

On les rencontre principalement sur le prolongement des branches de charpente, de même que sur les bourgeons qui ont subi un pincement.

De la nature du faux bourgeon.

Avant de parler de l'emploi du faux bourgeon, il est nécessaire de faire connaître sa nature; en effet, il ne faut pas confondre un bourgeon ordinaire avec un faux bourgeon.

Le bourgeon ordinaire possède presque toujours à sa base un certain nombre de feuilles qui n'ont pas d'yeux à leur aisselle, l'on n'y aperçoit qu'un petit renflement appelé coussinet.

Au contraire nous remarquons que, dans le faux bourgeon, toutes les feuilles sont pourvues d'yeux à leur aisselle ; il n'y a donc nul inconvénient à pincer le faux bourgeon, au-dessus de la première ou de la deuxième feuille.

De son emploi.

Sur le prolongement d'une branche de charpente, si nous voulons utiliser les faux bourgeons pour en former des branches fruitières pour l'année suivante, nous les pincerons à 3 feuilles ; si, au contraire, nous ne voulons pas les utiliser, nous les pincerons un peu au-dessus de leur empatement en conservant la feuille à l'aisselle de laquelle ils sont nés.

Le faux bourgeon né sur une bourse sera pincé à 2 feuilles, s'il s'en développe plusieurs, les autres seront supprimés sur empatement. Si, sur le bourgeon qui a subi un pincement, il ne se développe qu'un seul faux bourgeon, il sera pincé au-dessus de la première ou de la seconde feuille ; si au contraire, il s'en développe plusieurs, nous ferons suppression des plus élevés en nous rapprochant sur le premier, qui sera lui-même pincé à une ou deux feuilles.

Ce genre de pincement raisonné tel que nous le pratiquons, permet à la lumière de se répandre sur tous les rameaux, car, comme nous l'avons dit plus loin, c'est à la lumière que nous devons une part de la vie active de l'arbre : il est incontestable que sans lumière nous n'aurons qu'une médiocre végétation et peu ou pas de fruits.

En pinçant sur 3 ou 4 feuilles, nous facilitons la circulation de l'air et nous permettons à la lumière de fortifier tous les organes qui se trouvent près du corps de l'arbre et sur les branches fruitières. Par ce pincement, celles-ci sont courtes et d'une égalité parfaite, ce qui donne à l'ensemble de l'arbre une uniformité remarquable et plaisante à l'œil. Si l'on pratique le système de pincement long, le premier à 8 ou 10 feuilles, le second de même longueur, comme l'indiquent certains praticiens ; toutes les productions fruitières qui sont placées généralement à la base de la coursonne, se trouvent dans l'obscurité complète. Ni l'air, ni la lumière ne pouvant y pénétrer, ces productions ne se développent jamais et restent improductives.

Si l'on attend trop tard pour le pincement, les bourgeons qui se développent de plus en plus, deviennent ligneux ; dans ce cas le pincement et la taille en vert n'y feront rien. En voici un exemple : si nous attendons pour pincer un arbre, que les bourgeons les plus vigoureux aient environ 40 à 50 centimètres de long, il est certain que ces bourgeons, en devenant ligneux, posséderont un empatement en proportion de leur développement. En effet, en pratiquant sur ces bourgeons un cassement à 3 ou 4 feuilles, comme l'indique la figure 41, il arrivera ceci, que tous ces bourgeons vigoureux, dans lesquels la sève s'est amenée, continueront de l'absorber et se développeront en faux bourgeons au détriment des organes les plus faibles qui resteront à l'état latent et ne produiront jamais.

Dans d'excellents terrains, nous remarquons très souvent que des arbres à végétation exubérante ne donnent pas de fruits. Il faut attribuer cela uniquement au manque de soins pendant le courant de la végétation.

En effet, le seul pincement ou plutôt cassement (le bourgeon étant ligneux) pratiqué sur ces arbres trop tardivement arrête la sève momentanément; celle-ci,

Fig. 41. — Résultat d'un bourgeon non pincé, ayant été cassé à 3 ou 4 feuilles.

n'ayant aucun passage libre à sa circulation, se trouve refoulée dans les petites productions fruitières qui se développent à bois, au lieu de se transformer à fruit.

Il serait préférable de ne pas pincer les arbres que de leur faire subir un traitement semblable.

Par le pincement raisonné, la sève étant complètement utilisée, donne au sujet l'équilibre et la régularité parfaite. L'air et la lumière circulant de toutes parts, offrent cet avantage que les fruits étant rapprochés de la branche charpentière, y trouveront une nourriture directe et abondante, et deviendront plus gros, plus colorés et plus savoureux.

De la taille en vert.

La taille en vert se pratique principalement sur le Pêcher, d'avril à juin ; mais elle se fait aussi sur les arbres à fruits à pépins. Ici nous ne traiterons que de la taille en vert du Poirier. Elle s'opère dans deux cas différents : 1° Sur la branche fruitière qui a développé 3 ou 4 bourgeons, elle se fait sur le bourgeon le plus rapproché de la base, comme il est prescrit (fig. 40). En agissant ainsi la sève ne sera pas dépensée inutilement et sera refoulée au profit de la branche charpentière.

2° Lorsqu'une branche fruitière est trop longue ou se trouve épuisée et qu'il se développe à sa base un nouveau bourgeon, nous faisons suppression de cette branche fruitière en nous rapprochant sur le bourgeon, qui est appelé à la remplacer avantageusement.

De la taille d'août.

La taille d'août se pratique sur les arbres à fruits à pépins quand la sève commence à se ralentir, pendant les mois de juillet, août et septembre. Elle consiste à supprimer au-dessus de la troisième ou quatrième feuille certains bourgeons qui n'ont pas été pincés pendant la végétation, ainsi que ceux qui ont été oubliés et, sur les poiriers vigoureux, ceux qui ont été laissés comme tire-sève, dans le but d'éviter le développement des dards en bourgeons.

Dans la crainte de provoquer le développement des boutons à fruits, et pour ne pas troubler la végétation, nous recommandons de pratiquer cette taille, en y apportant beaucoup d'attention ; en outre de cela, on n'opérera que successivement et après plusieurs jours d'interruption.

De la taille sur rides.

La taille sur rides s'opère sur les arbres à fruits à pépins avec grand avantage. On rapproche en mai, juin et juillet, sur les rides, où il existe de petits yeux latents et invisibles, mais qui, par suite du rapprochement, se transforment d'abord en dards l'année même de cette taille, et en boutons à fruits l'année suivante. (Voir la figure 16, page 57.) On pratique cette taille avec beaucoup de succès sur les rides des dards qui se développent à bois, au lieu d'en pincer le bourgeon à 3 feuilles, de même que sur les rides des petites branches âgées de plusieurs années.

Du cassement.

Le cassement se pratique spécialement sur les arbres à fruits à pépins.

Cette opération commence en juin, et continue pendant tout l'été, jusque vers la fin de septembre.

Elle se pratique à l'aide du pouce et de la serpette et consiste à rompre complètement le rameau devenu ligneux au-dessus des 3 ou 4 premiers yeux de la base.

Les rameaux sur lesquels on opère le cassement sont ceux que l'on n'a pas pincés lorsqu'ils étaient à l'état herbacé dans la crainte de troubler la végétation.

Le cassement est utile en ce sens que l'on opère comme dans la taille d'août sur des rameaux devenus ligneux et dont la végétation se trouve à peu près terminée. A la suite de ce travail les yeux qui sont à la base des rameaux cassés, grossissent, se fortifient et se transforment à fruit.

De la castration des fleurs.

Au moment où les arbres fruitiers commencent à fleurir, nous laissons bien épanouir les fleurs, et, avant que les pétales ne commencent à tomber, nous supprimons, à l'aide du ciseleur à raisin, toutes les fleurs les plus internes de l'inflorescence, en ne conservant que les fleurs de la circonférence. Ces fleurs sont coupées à la base du pédicelle ; ce travail s'appelle la castration, dénomination extrêmement impropre, puisqu'on ne supprime nullement un organe sexuel d'une fleur donnée, mais bien un certain nombre de fleurs de l'inflorescence.

Sur certaines variétés de Poirier, la *Bergamote Espéren*, par exemple, les fleurs du centre du bouquet étant les mieux constituées, on supprimera au contraire celles du pourtour.

Sur un bouton à fleur, né à l'extrémité du prolongement d'une branche de charpente, on effectuera la suppression des fleurs, en conservant seulement les feuilles placées au-dessous des fleurs supprimées, et sur la bourse il se développera un œil qui nous formera un bon rameau de prolongement.

De l'effeuillage.

L'effeuillage a pour but d'aider à la coloration des fruits et de les rendre plus savoureux. On devra le pratiquer partiellement, toujours le soir ou par un temps sombre, c'est-à-dire à un moment où la transpiration est ralentie, à partir de la dernière quinzaine du mois d'août ou les premiers jours de septembre, c'est-à-dire lorsque le soleil a déjà perdu de sa force.

Un procédé artificiel réussissant très bien pour aider à la coloration des fruits, consiste à les bassiner le soir avec de l'eau salée dans la proportion d'une poignée de sel pour 10 litres d'eau. On pourra répéter cette opération 2 ou 3 fois à quelques jours d'intervalle.

Cette opération devra se faire lorsque les fruits auront atteint la grosseur d'une noix ; on aura soin aussi d'enlever toutes les feuilles touchant au fruit et qui pourraient servir de refuge aux insectes.

De l'éclaircie des fruits.

Ce travail, de la plus grande utilité, consiste à enlever une certaine quantité de fruits sur les arbres où il y en a en trop grande abondance ; il est nécessaire de le faire en 2 ou 3 fois.

Certaines personnes préfèrent la quantité à la qualité des fruits. Nous ne sommes pas de leur avis, pour plusieurs raisons. D'abord si, relativement à sa force, un arbre est chargé de trop de fruits, sa sève s'épuisera, il sera moins vigoureux et il finira par dépérir dans un laps de temps plus ou moins long. En second lieu, si la récolte est trop abondante, nous

n'aurons que de petits fruits sans saveur, tandis qu'en
ne laissant que 6 à 8 fruits par mètre de branche
charpentière, nous obtiendrons de magnifiques
fruits, bien colorés, savoureux, dont le coup d'œil
forme un des plus beaux ornements de nos tables.

FORMATION DE LA PYRAMIDE

La pyramide est formée, dans son ensemble, d'une tige verticale ayant une hauteur pouvant varier de 5 à 6 mètres et même jusqu'à 10 mètres.

Cette tige se trouve garnie de la base au sommet de branches latérales ou charpentières, dont la longueur diminue régulièrement au fur et à mesure que les branches se rapprochent du sommet de la tige. Les premières branches latérales seront prises à environ 25 à 30 centimètres du sol.

En principe général, les branches latérales ne doivent avoir en longueur que le tiers de la hauteur de la tige, hauteur mesurée à partir du point où elles prennent naissance. Mais, si nous sommes en présence d'une forte végétation, pour donner plus de parcours à la sève, la longeur des branches latérales pourra être augmentée de quelques centimètres.

De ce principe pour une pyramide qui a 4 m. 50 de hauteur, les branches latérales de la base constituant la première série ne devront avoir que 1 m. 50 de longueur.

A seule fin que l'air et la lumière puissent pénétrer entre toutes les branches latérales, il sera nécessaire de leur donner une inclinaison de 40 à 45 degrés.

La distance entre les pyramides sera de 3 à 4 mètres, selon la nature du terrain et les sujets sur lesquels elles sont greffées.

On peut former une pyramide à l'aide de sujets

différents : 1° avec le scion simple (fig. 42) ; 2° avec le scion d'un an ramifié (fig. 43) ; 3° avec sujets

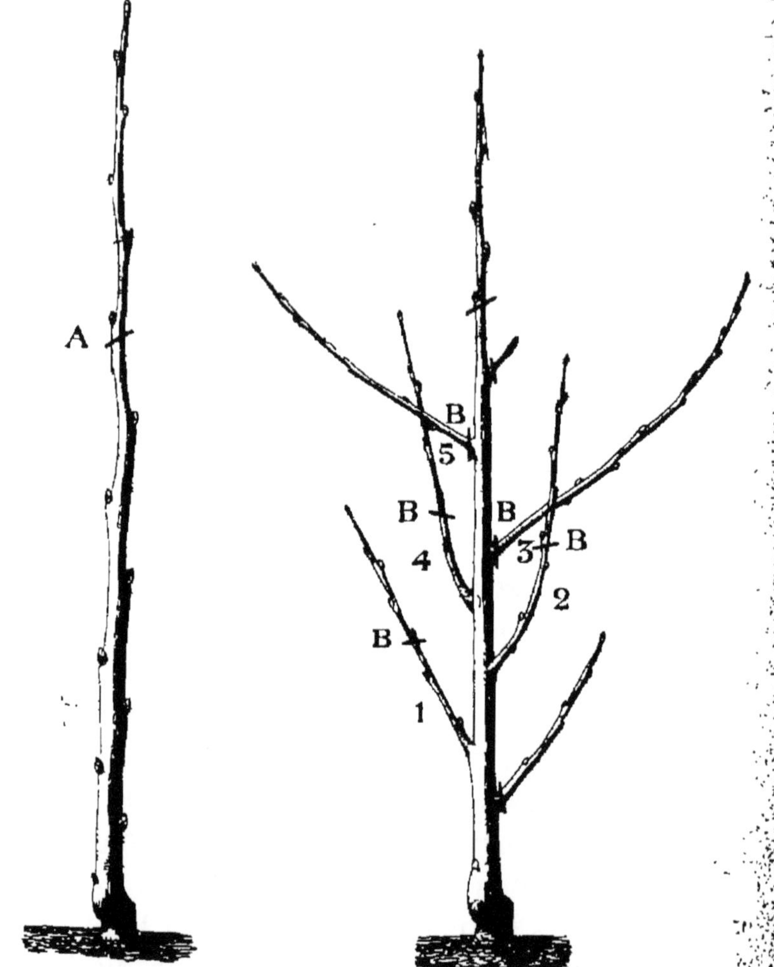

Fig. 42. — Scion simple.   Fig. 43. — Scion d'un an ramifié.

greffés de 2 ans (défectueux) (fig. 44) ; 4° mieux encore avec des pyramides de 2 ans dont la première série est bien constituée (fig. 45) ; de la sorte on gagne une année.

On choisira de préférence des sujets forts, vigoureux et droits autant que possible.

Nous recommandons pour les arbres à fruits à pépins de ne pas tailler le sujet en le plantant, il ne

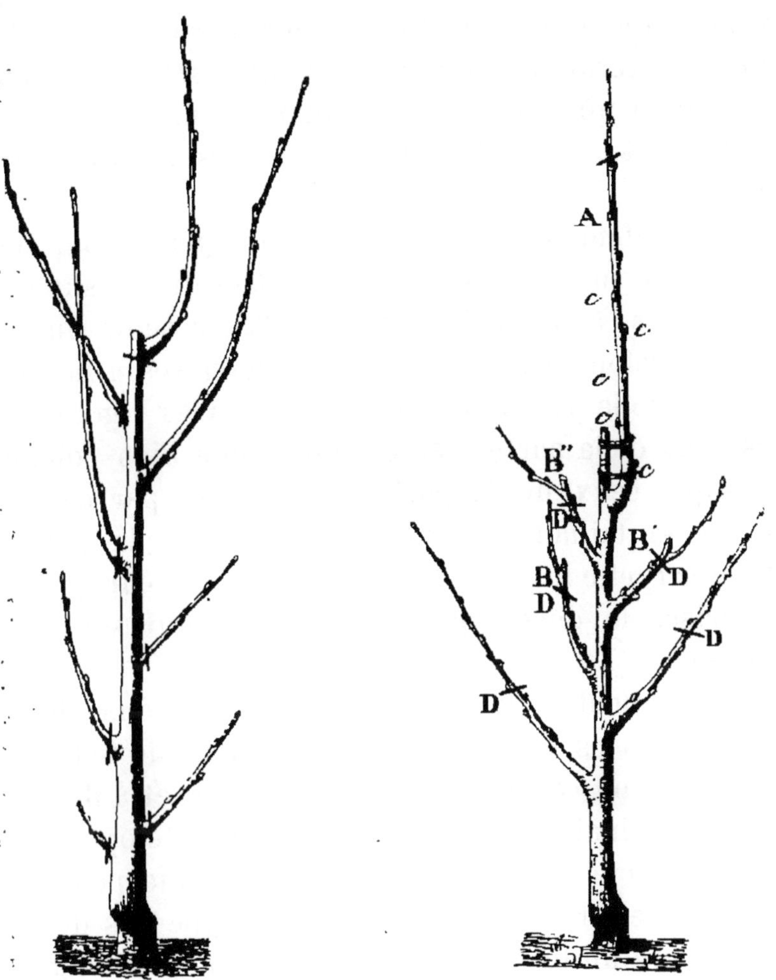

Fig 44. — Sujet greffé de deux ans défectueux.

Fig. 45. — Pyramide de deux ans, possédant une 1re série bien constituée.

sera taillé que la seconde année de plantation. Par les différentes expériences que nous avons faites, nous avons reconnu qu'en taillant l'année même de la plantation, on n'obtenait que des branches chétives et grêles ; en ne taillant seulement que la deuxième année, nous obtenons des résultats bien meilleurs. Cela se comprend, l'arbre étant enraciné, nous donne une végétation bien supérieure à celle que l'on aurait obtenue en trois ans, si l'arbre avait été taillé l'année même de sa plantation.

1re *Taille*. — La figure 42 nous représente un scion simple.

Au printemps qui suit l'année de plantation, on taillera le sujet de 50 à 60 centimètres du sol sur un œil opposé à la greffe en A (fig. 42), à seule fin de faire développer les bourgeons nécessaires à la formation de la pyramide. Sur un scion très vigoureux les yeux de la partie basse sont moins bien constitués que ceux de la partie supérieure, par conséquent, en taillant, nous éborgnerons avec la pointe de la serpette les 2 ou 3 de la partie supérieure, pour favoriser le développement de ceux qui sont au-dessous.

Au moment de la végétation, nous ferons choix parmi tous les yeux qui se développent de 6 bourgeons devant constituer la première série et la flèche. L'œil terminal sera toujours choisi du côté opposé à la greffe pour nous rapprocher autant que possible de la ligne verticale. S'il ne se développe pas droit, on placera un tuteur attaché verticalement le long de la tige, au moyen d'un osier, et on le palissera dessus. Les 5 autres bourgeons devant former les branches latérales seront ensuite choisis à environ 30 centimètres du sol et le plus près possible de l'empatement de la flèche ; celui qui l'avoisine ayant toujours une tendance à devenir vigoureux, on se dispensera de l'utiliser pour en faire une branche latérale, on l'éborgnera ou on le pincera à une lon-

gueur de 10 centimètres quand il aura atteint 15 centimètres. On évitera aussi de prendre 2 bourgeons
sur un même empatement, dans la crainte de troubler la circulation de la sève. Tous les bourgeons
choisis, on fera suppression de ceux qui sont inutiles. Si, pendant le courant de la végétation, deux
ou trois bourgeons devant former les branches latérales se développent plus vigoureusement que les
autres, on les pincera lorsqu'ils auront atteint de
30 à 40 centimètres, comme il est prescrit en B, B',
B" (fig. 45); dans l'espoir d'arriver à équilibrer la
sève. Si ce moyen ne suffit pas, on pratiquera sur la
tige du sujet, à 1/2 centimètre au-dessus de la
branche faible, une incision transversale, et, s'il y a
nécessité, une incision longitudinale, triangulaire
au-dessous de la branche, comme il est dit (fig. 31).
A l'aide de ces moyens, à la fin de la saison, les
5 branches latérales devant constituer la première
série seront d'égale force.

Quant à la flèche, nous en surveillerons tout particulièrement la végétation, en la palissant lorsque le
besoin s'en fera sentir; mais surtout ne pratiquons
jamais ni pincement, ni taille en vert sur elle, sauf
dans un seul cas, c'est lorsqu'il s'agit de restaurer
un arbre mal équilibré.

La figure 43 nous représente un scion ramifié que
nous allons tailler. Si, dans l'espace compris entre
30 et 45 centimètres, il se présente 5 faux rameaux
à peu près d'égale force et qu'ils se trouvent bien
placés, nous les utiliserons pour établir notre première série de branches latérales.

Dans ce cas, les faux rameaux de la base seront
taillés à une longueur de 15 centimètres et ceux de
la partie supérieure un peu plus court, et même sur

l'empatement, comme il est démontré en B (fig. 43).

Mais si, parmi ces faux rameaux, il en est qui soient mal placés ou trop faibles par rapport aux autres, ou qu'ils ne soient pas en nombre suffisant pour constituer les 5 premières branches latérales, il faudrait les retrancher tous sur leur empatement (fig. 46). On aura alors un arbre complètement ravalé sur lequel il faudra avoir recours aux yeux stipulaires pour choisir les bourgeons nécessaires à établir une bonne charpente.

Pour former une pyramide avec un sujet de 2 ans, comme nous le montre la figure 44, il y a nécessité de tailler tous les rameaux sur leur empatement comme cela est indiqué, même figure. Au moment de la végétation, nous ferons choix des bourgeons qui nous sont nécessaires pour obtenir la première série comme il est prescrit plus haut dans la formation de la pyramide.

Nous voyons qu'avec cet arbre défectueux, il est possible de former une pyramide; malgré cela, il est préférable de choisir de forts scions d'un an,

Fig. 46. — Scion ramifié d'un an avec faux rameaux à végétation inégale.

simples ou ramifiés et mieux encore des pyramides de 2 ans dont la première série est bien constituée (fig. 45). De la sorte on gagne une année.

Une chose qui a une importance considérable, lorsque l'on a des arbres de 2 ans à ravaler pour en former des pyramides, c'est d'opérer ce ravalement dans le courant du mois de février ou au commencement de mars, quelques jours avant le départ de la sève. Nous avons remarqué qu'un arbre ravalé au moment où la sève se met en activité, même étant planté depuis un an, ne donne à la fin de la saison que des branches charpentières mal conformées.

2e Taille. — La figure 45 nous montre les résultats de la taille de première année; nous voyons sur cette figure qu'à l'aide des pincements pratiqués en B sur les branches latérales avoisinant la flèche, nous sommes parvenus à lui donner une forme assez régulière.

Si notre sujet a une flèche ne dépassant pas 25 centimètres de longueur elle est dite faible et ne sera pas taillée; si cette flèche a de 50 à 80 centimètres de longueur, elle est dite moyenne, on peut la tailler.

Elle est forte lorsqu'elle atteint la longueur de 1 mètre à 1m. 20 et plus; lorsqu'elle atteint cette longueur et qu'elle possède des faux rameaux elle est dite forte avec faux rameaux.

Sur un arbre de 4 à 5 ans ayant une forte vigueur et possédant une forte flèche avec faux rameaux, on pourra prendre 2 séries par la même taille; la première série à l'aide des faux rameaux et la seconde à l'aide des yeux latéraux, mais à une condition, c'est que les branches charpentières ou latérales soient d'une conformation en proportion de la flèche ; ceci dit, nous allons pratiquer sur notre sujet (fig. 45) la deuxième taille.

Le rameau terminal ou flèche ayant poussé d'environ 70 à 80 centimètres, on le taillera à environ 40 centimètres au-dessus de la taille de l'année précédente, et on choisira en A l'œil opposé à l'ancienne coupe pour former la nouvelle flèche.

L'œil qui se trouve au-dessous de celui de la flèche sera éborgné ou pincé comme il a été dit plus haut, et on choisira au-dessous de ce dernier en C, 5 yeux bien placés qui nous fourniront les branches latérales de la deuxième série. S'il y a des faux bourgeons sur la flèche on en fera suppression aux stipulaires.

Ces yeux seront pris de manière que l'œil le plus bas de la deuxième série soit en ligne droite avec l'œil le plus bas de la première. De cette manière l'air et la lumière peuvent circuler librement jusqu'à la naissance des branches charpentières.

Il arrive assez souvent dans certaines espèces que l'œil de la flèche sur lequel on taille, est un dard, alors on le coupera sur l'empatement en conservant les stipulaires. Les branches latérales D seront taillées beaucoup plus courtes que la flèche ; celle-ci ayant été taillée à 40 centimètres au-dessus de la première série, la branche latérale la plus près du sol sera taillée à 20 centimètres et les autres d'autant plus courtes qu'elles se rapprocheront du sommet.

Pendant le courant de la végétation, on veillera à la régularité du développement de tous les bourgeons, à seule fin que ceux de la base soient toujours plus forts que ceux de la partie supérieure. Quant à ces derniers avoisinant la flèche et qui doivent former la deuxième série, s'ils poussent trop vigoureuse-

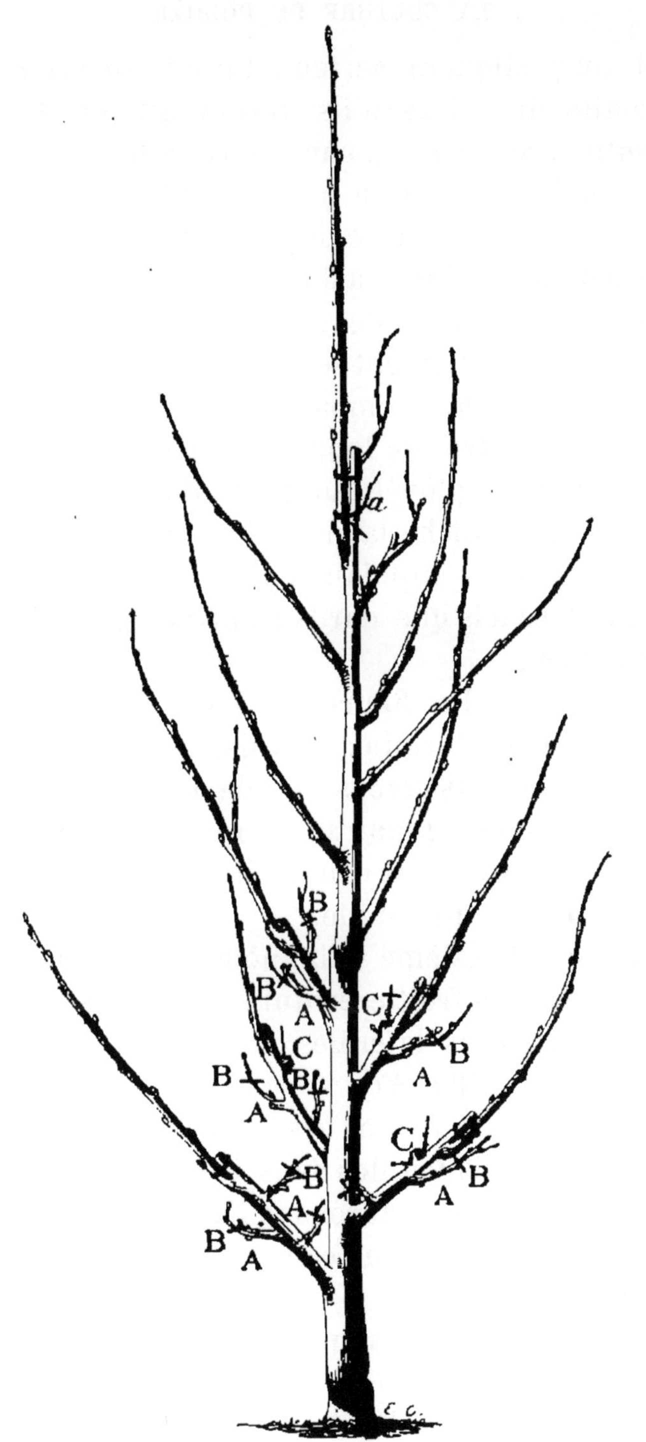

Fig. 47. — Pyramide ayant terminé sa 3e végétation.

ment, on pratiquera sur eux un pincement à 25 ou 30 centimètres lorsqu'ils auront atteint de 30 à 40 centimètres de longueur; de la sorte les branches latérales de la base s'en trouveront favorisées.

Les bourgeons se développant le long des branches latérales seront pincés à 3 ou 4 bonnes feuilles, ceux qui se trouvent sur le dessus de la branche, de même que ceux qui avoisinent le bourgeon terminal seront supprimés sur leur empatement, lorsqu'ils auront 10 à 12 centimètres de longueur. Par cette opération, la sève sera employée au profit du bourgeon terminal de la branche latérale, les gourmands seront évités et les yeux stipulaires nous donneront des organes faibles tels que dards et brindilles pour la fin de la saison.

3ᵉ *Taille*. — La figure 47 nous représente une pyramide ayant terminé sa troisième végétation. On obtiendra la troisième série, de la même manière que la seconde; quant aux branches latérales de la base, on les taillera comme il est prescrit pour la formation de la pyramide.

Dans cette troisième taille nous aurons à tailler les jeunes branches fruitières qui se seront développées sur les branches latérales de la base et qui sont désignées en A (fig. 47).

Comme nous le voyons ces branches ayant subi un pincement à trois feuilles dans le courant de l'année précédente, nous n'aurons qu'à les tailler sur ce pincement à 3 ou 4 yeux comme il est prescrit en B même figure.

Les yeux stipulaires qui se sont développés sur l'empatement des bourgeons supprimés qui se trouvaient sur le dessus des branches latérales ou avoisinant le bourgeon terminal, nous forment de petits rameaux comme nous le voyons en C, ces petits rameaux seront taillés à 2 ou 3 yeux comme il est indiqué même lettre.

La quatrième taille, la cinquième et les tailles suivantes seront faites d'après les mêmes procédés et en y apportant le même soin qu'à ceux des années précédentes.

Soins généraux à apporter sur la flèche et sur les branches latérales de la pyramide, au moment de la taille et pendant la végétation.

Si un rameau qui doit constituer la flèche se termine par un bouton à fleur, nous n'y ferons rien au moment de la taille. Ce ne sera qu'à l'épanouissement des fleurs, que nous en ferons la suppression, et, du milieu des feuilles, neuf fois sur dix, il sortira un bourgeon dont nous nous servirons avec avantage pour constituer la flèche ou le prolongement de la branche latérale.

Beaucoup de personnes demandent si nous devons oui ou non laisser un onglet au-dessus de l'œil terminal sur lequel l'on taille ; à cela nous répondrons d'une manière générale, oui.

Si nous taillons avant l'hiver, nous laisserons un onglet : on appelle onglet la partie du bois longue de 10 à 12 centimètres comprise entre l'œil et l'aire. On appelle aire, la coupe faite par la serpette ou autre instrument tranchant sur l'extrémité du rameau. L'aire de la coupe sera toujours faite en biseau arrondi du côté opposé à l'œil ; de cette façon la goutte d'eau qui se trouve à l'extrémité de l'onglet, en descendant sur le rameau, se trouvera du côté opposé à l'œil ; il en résultera qu'en cas de gelée, lorsque la goutte d'eau devient glaçon, l'œil se trouvera préservé ; mais, d'une manière générale, il est préférable de ne tailler les prolongements des branches charpentières qu'au printemps. L'onglet sert aussi pendant le courant de la végétation à palisser le rameau de la flèche et les prolongements des branches latérales.

Au moment où le bourgeon est encore très herbacé, lorsqu'il a 10 à 15 centimètres de long, on le palisse à l'aide de deux joncs sur cet onglet ; c'est le seul moyen d'avoir une flèche ou un prolongement bien droit et ne formant aucun coude désagréable à l'œil et à la circulation de la sève. On enlève l'onglet à la taille suivante, comme il est prescrit en *a* (fig. 47). S'il s'y développe des yeux pendant la végétation, on devra les supprimer à l'exception d'un seul qui sera pincé à 10 centimètres de long dans le but d'éviter le dessèchement de l'onglet.

Si l'on ne veut pas utiliser l'onglet pour y palisser le rameau de prolongement, il est préférable de le supprimer.

Nous devons aussi tailler l'extrémité de nos branches charpentières d'après la vigueur de nos arbres ou de nos branches latérales.

Sur une branche forte il faudra tailler en biseau prolongé en faisant descendre la coupe au-dessous de l'œil pour l'affaiblir. Sur une branche moyenne, le bas de la coupe devra correspondre à la naissance de l'œil. Sur une branche faible on laissera un onglet qui sera enlevé l'année suivante.

Maintenant que nous venons de donner la manière de faire la coupe, selon la végétation de notre arbre, il nous faut expliquer sur quel œil il faut la faire.

On aura toujours soin de choisir un œil placé en

dehors ou en dessous ; si la branche s'en va soit à droite ou à gauche, on fera choix d'un œil du côté opposé, mais il ne faut presque jamais prendre un œil sur le dessus de la branche latérale. Il y a cependant une exception, si cet œil est bien placé et qu'il puisse donner une bonne direction au prolongement, là nous l'utiliserons avantageusement en ayant soin de le palisser dès son jeune âge. S'il n'était pas surveillé à temps, il pousserait avec une forte vigueur en s'élevant verticalement et formerait un coude très désagréable dans la formation de la charpente.

Si nous voulons donner à notre pyramide une forme gracieuse, il est nécessaire, chaque fois que nous établissons une série de branches latérales, que chacune d'elles soit baguettée ; ensuite, à l'aide d'osier et d'arc-boutants, nous leur donnons l'inclinaison qu'elles doivent conserver définitivement.

Faisons, en passant, ressortir les avantages de la pyramide. Cette forme est gracieuse, ne nécessite aucune charpente pour sa formation et donne beaucoup de fruits. Aux mois d'août et septembre, un carré de pyramides bien espacées forme un ensemble des plus flatteurs, surtout quand elles sont bien formées et chargées de fruits.

D'un autre côté nous devons aussi signaler les inconvénients qu'elle présente.

Plantée dans un endroit élevé, surtout lorsque les fruits sont déjà gros, au moindre coup de vent, les fruits se détachent de l'arbre, tombent à terre, se meurtrissent, et il est à remarquer que, dans ce cas, ce sont toujours les plus beaux fruits qui tombent avant l'époque de la maturité.

Dans les endroits exposés aux grands vents, pour

éviter ce grave inconvénient, il vaudra mieux ne planter en pyramide que des variétés de fruits d'été et d'automne, et réserver les fruits d'hiver pour le contre-espalier.

La pyramide, atteignant une certaine élévation et tenant une assez grande place, sera réservée tout particulièrement pour les jardins de grande étendue.

De la pyramide ailée.

Il est une autre forme de pyramide, sur laquelle nous allons dire quelques mots : c'est la pyramide ailée ; comme nous le voyons (fig. 48), elle a beaucoup de grâce, l'air et la lumière pénètrent facilement dans l'intérieur de l'arbre, les fruits ne sont pas assujettis à tomber comme sur la pyramide ordinaire.

Elle diffère de la pyramide ordinaire en ce sens que toutes les branches sont disposées symétriquement et sur un plan vertical, les unes au-dessus des autres, sur 4, 5 ou 6 rangs, selon le nombre d'ailes qu'aura la pyramide.

Parlons ici de la pyramide à 4 ailes. Pour la dresser, il sera nécessaire de fixer, au pied de l'arbre, un pieu en fer, ayant au moins 4 mètres de hauteur. On attachera, au sommet de ce pieu, 4 fils de fer n° 16 qui seront fixés au sol à l'aide de pieux très solides en bois ou en fer. De l'extrémité où ils sont attachés, ces fils de fer seront tendus dans une direction oblique et fixés au sol en conservant entre chacun un intervalle égal. Pour une hauteur de 4 mètres, les fils de fer seront fixés dans le sol à 1 m. 33 de la tige.

Les principes de la taille seront les mêmes pour

l'obtention des branches latérales et pour les branches
fruitières, que dans la formation de la pyramide ordinaire.

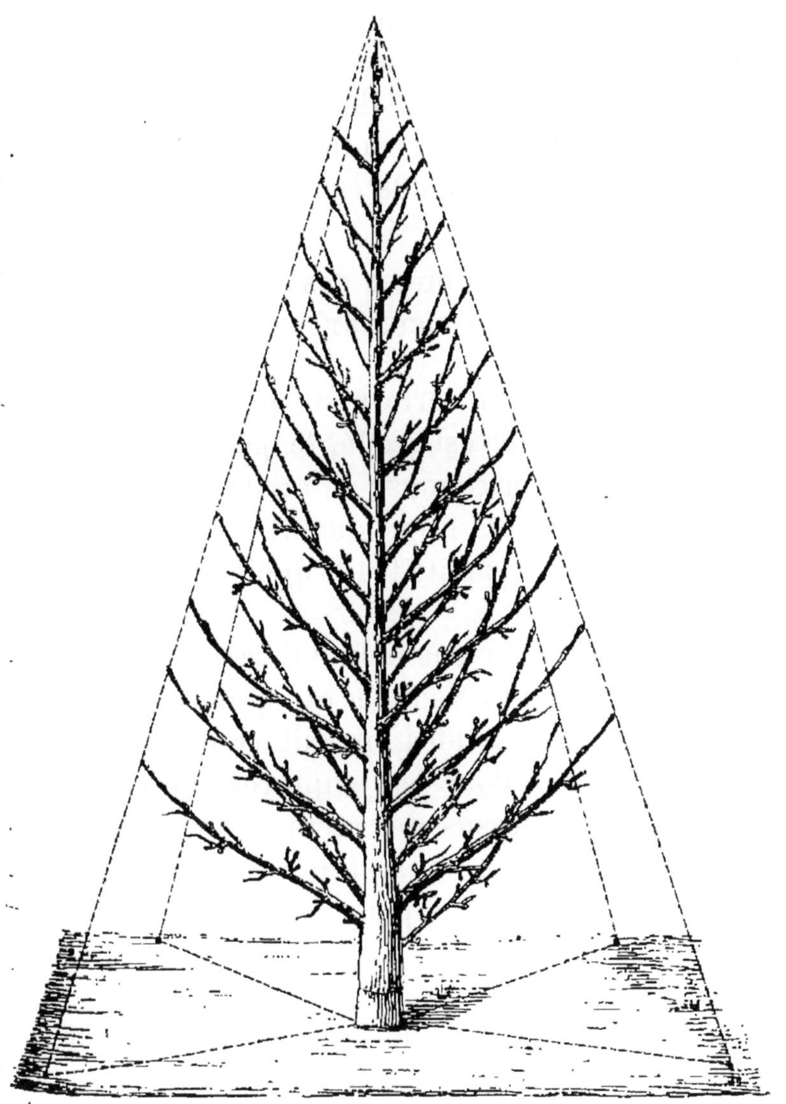

Fig. 48. — Pyramide ailée.

Aussitôt la première taille faite, nous ferons choix
du bourgeon qui doit constituer la flèche, et de 4 bourgeons qui nous donneront les branches latérales.

Pour assurer une bonne direction aux branches latérales, nous placerons juste au-dessous de chaque branche et dans une direction oblique, un tuteur qui sera attaché, d'une part, sur le pieu qui sert à maintenir la tige de l'arbre, et, de l'autre, au fil de fer correspondant du haut de la tige au sol.

La distance à donner entre chaque branche superposée sera d'environ 30 centimètres.

De la restauration et des soins à donner aux vieux arbres.

Selon la nature du terrain où il est planté et le sujet sur lequel il est greffé, le poirier peut vivre plus ou moins longtemps ; il arrive cependant un moment où il devient improductif, ne donne presque plus de bois et de petits fruits quoique étant encore assez vigoureux.

Les meilleurs moyens pour lui redonner de la vigueur sont les engrais solides et liquides.

Comme engrais solides, on fait choix de fumiers très décomposés. Pour les employer, on enlève un peu de terre au-dessus des racines sans les découvrir complètement ; on met une bonne couche de fumier en évitant de le placer en contact avec les racines et on le recouvre ensuite avec la terre enlevée précédemment.

Un autre procédé excellent pour rétablir un arbre, c'est d'enlever jusque sur les grosses racines avec beaucoup de précautions, et le plus loin possible de la tige, les terres qui sont usées et de les remplacer par de nouvelles, riches en humus.

Les époques les plus favorables pour faire ce travail, sont le mois d'octobre, novembre et décembre.

Le fumier étant légèrement recouvert, les pluies et la neige fondue, en s'infiltrant dans le sol, entraînent avec elles et jusque sur les racines de l'arbre les éléments nutritifs contenus dans le fumier.

Les meilleurs engrais liquides sont les purins, additionnés de 15 parties d'eau, les débris de cornes rapées, les fientes de pigeon, etc. On les emploie au début et pendant la végétation, c'est-à-dire d'avril à juillet.

Voici la manière de les employer : on enlève environ 5 ou 6 centimètres de terre sur tout le pourtour de l'arbre en s'écartant le plus possible de la tige ; on met cette terre tout autour du trou et autour de la tige. On verse ensuite l'engrais liquide qui s'infiltre directement dans la terre au profit des jeunes racines.

Si l'arbre est greffé sur franc et qu'il se trouve dans une terre complètement usée, il sera impossible de renouveler la terre entre ses racines pivotantes, les meilleurs engrais ne serviront à rien ; il vaudra mieux arracher l'arbre, changer la terre et le remplacer par un autre.

Un des meilleurs moyens pour la restauration des arbres languissants ou âgés, lorsqu'ils sont dans un bon terrain, c'est d'avoir recours soit au rajeunissement, ou au recepage, ou à la greffe en couronne : de la sorte, en très peu de temps on refait une nouvelle charpente, et les arbres, se trouvant rajeunis, donnent du fruit et peuvent vivre encore très longtemps.

De la formation du fuseau.

Le fuseau convient particulièrement au poirier. Cette forme est employée de préférence pour les jardins de petite étendue, jardins de ville par exemple.

Elle est avantageuse pour multiplier les variétés sur un espace restreint, car elle tient peu de place et par conséquent donne peu d'ombrage.

Le fuseau est surtout employé dans les terrains

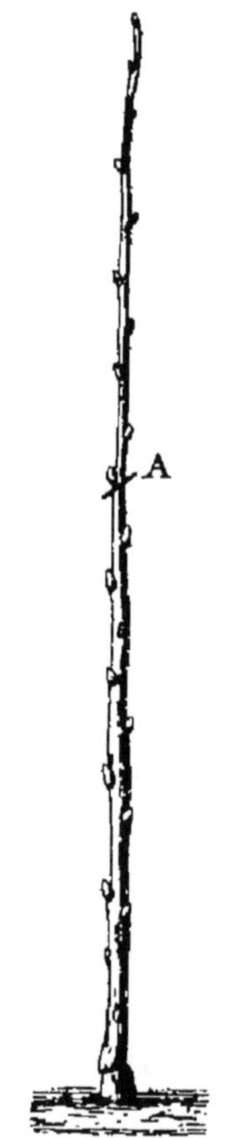

Fig. 49. — Scion simple
pour fuseau.

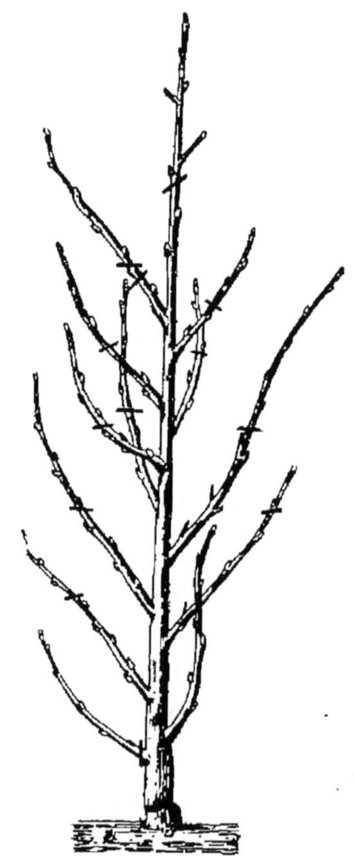

Fig. 50. — Sujet ramifié de
plusieurs années.

de moyenne qualité où des grandes formes ne pourraient croître à leur aise, faute de nourriture.

On lui réservera de préférence les plates-bandes qui bordent les allées; il réussit très bien aussi planté par carré, c'est où il offre un coup d'œil splendide.

Pour former un fuseau, on fait choix d'un arbre soit d'un an de greffe (fig. 49) ou de plusieurs années (fig. 50), autant que possible constitué en faux bourgeons et de variété fertile.

Dans un bon terrain on les choisira de préférence greffés sur cognassier. En les plantant, on laissera entre eux, sur la ligne, une distance de 1 m. 25 centimètres à 1 m. 50 centimètres. En culture en carré, les lignes devront être espacées de 2 mètres, les arbres seront plantés en quinconce à 1 m. 50 les uns des autres.

L'arbre ne sera rabattu que la seconde année de plantation ; s'il n'est pas muni de faux bourgeons, il sera rabattu à 60 centimètres du sol comme l'indique notre scion simple en A (fig. 49).

Pour un sujet de 2 ou 3 ans de greffe, on commence l'établissement de la charpente à environ 30 centimètres du sol, les faux bourgeons sont taillés à 2 ou 3 yeux. On supprime le quart de la partie supérieure de la tige (fig. 50), en taillant sur un œil opposé au coude. Les 3 ou 4 yeux qui l'avoisinent sont éborgnés et les 3 ou 4 yeux de la base devant former les premières branches, seront incisés ; malgré cela, si certains d'entre eux ne se développaient pas, on aurait recours aux entailles.

A la deuxième taille, si la flèche a poussé de 80 centimètres à 1 mètre, on la taillera à environ 50 centimètres de longueur sur un œil opposé à la taille précédente ; on procédera de la même façon qu'il a été prescrit plus haut pour faciliter le départ des yeux sur la flèche. On taille ensuite les rameaux qui se sont développés dans le courant de l'année précédente.

Du point de naissance des branches charpentières

de la base, si l'arbre a 1 mètre de haut, longueur mesurée de l'extrémité de la flèche à la naissance des premières branches latérales, celles-ci seront taillées à 20 centimètres et celles de la partie supérieure d'autant plus courtes qu'elles se rapprochent de l'extrémité de la flèche.

Si les dernières avoisinant la flèche sont par trop fortes, elles seront supprimées sur les yeux stipulaires.

On procède de la même manière pour la troisième taille et les tailles suivantes jusqu'à l'entière formation du fuseau. D'après la nature du sol, notre fuseau pourra atteindre une hauteur de 3 m. 50 à 5 mètres.

Les soins à lui donner pendant l'été consistent à attacher le bourgeon terminal sur l'onglet que l'on aura laissé à ce sujet, ou bien sur un tuteur qui aura été attaché le long de la tige. Ce travail est urgent pour avoir une flèche aussi droite que possible.

Les 3 ou 4 bourgeons qui avoisinent la flèche seront pincés à 10 centimètres de long quand ils auront atteint 12 à 15 centimètres. A la suite de ce pincement, la sève étant refoulée vers les yeux de la partie basse, ces derniers auront plus de facilité à se développer.

On peut employer un dard pour former une branche latérale sur le fuseau, tandis que, dans la pyramide, on emploie la végétation stipulaire.

Les bourgeons qui se développent sur les branches latérales seront pincés d'une manière générale à 3 bonnes feuilles. Pendant la végétation les bourgeons terminaux des mêmes branches seront pincés à 35 ou 40 centimètres lorsqu'ils auront 40 ou 45 centimètres de long. Les branches latérales du fuseau étant très rapprochées, à l'aide de ce pincement, les productions fruitières auront une tendance à se mettre à fruit beaucoup plus vite. En principe général, les branches latérales du fuseau seront taillées en raison de l'allongement de la tige, de manière à ne jamais dépasser le cinquième de la hauteur.

Lorsque le fuseau est entièrement formé, il nécessite très peu de taille sur la branche fruitière.

On fera surtout attention de ne pas lui laisser donner trop de fruits, dans la crainte de le voir s'épuiser trop vite. Pour y remédier, on ferait suppression d'une grande partie des fruits lorsqu'ils sont petits; de cette façon on provoque la sortie des rameaux à bois, et on arrive à renouveler partiellement les branches de charpente.

La figure 51 nous représente un fuseau de 5 à 6 ans entièrement formé. Pour empêcher les vents de

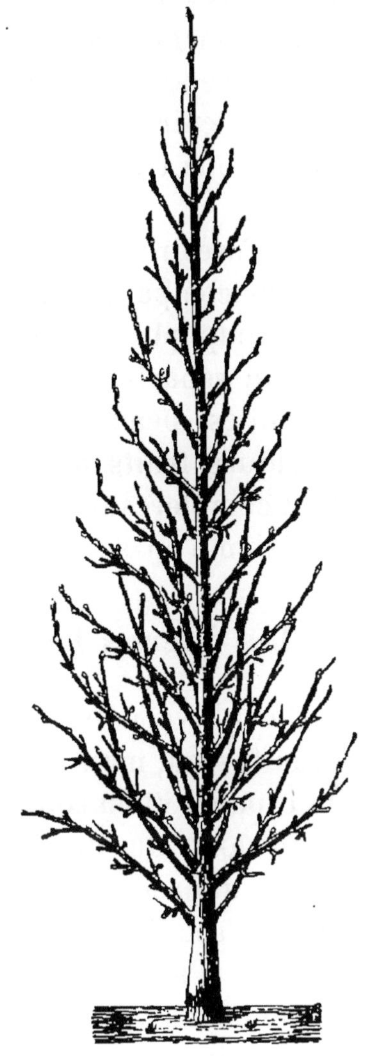

Fig. 51. — Fuseau à son entière formation.

secouer les arbres et de faire tomber les fruits, on placera sur la ligne des fuseaux tous les 4 ou 5 mètres des tuteurs entre les arbres. On fixera sur ces tuteurs, selon la hauteur des arbres, 2 ou 3 rangs de fil de fer, sur lesquels seront attachés les poiriers. Il va sans dire que tous ces fils seront tendus à l'aide de raidisseurs.

En attachant les poiriers, on placera autour de la tige, à l'endroit où doit passer le fil de fer, un morceau de cuir, ou des petites bottes de paille ; de cette manière la tige de l'arbre ne sera pas écorchée par le fil.

Le fuseau ne demandant que très peu de temps à établir comparativement aux autres formes, et ayant beaucoup plus de branches latérales, la sève se trouve répartie d'une manière plus égale, et la mise à fruit est beaucoup plus prompte. On pourra avoir quelques fruits de bonne heure, malgré cela il ne faut compter sur des récoltes abondantes, que vers la sixième ou septième année.

Des diverses formes du poirier en espalier.

On cultive non seulement le poirier en pyramide et en fuseau, mais aussi et avec beaucoup de succès, en espalier et en contre-espalier.

Au long du mur on y cultivera les variétés de poires qui réclament beaucoup de chaleur et dont les fruits n'acquièrent leur qualité qu'autant qu'ils sont abrités. Parmi celles-ci, nous pouvons citer, le Doyenné d'hiver, Bergamote Esperen, etc.

Le poirier se cultive en espalier sous des formes bien différentes : en cordon vertical simple, en cordon oblique, en U, en palmette à 3 branches, en palmette à 4 branches, en U double, en candélabre, en palmette Verrier simple et double ; nous allons parler successivement de ces différentes formes.

Dans la formation des arbres en espalier, le mur

nécessite un treillage. Les fils seront supportés à l'aide de pieux en fer percés de trous, de pitons scellés au mur ou de clous en fer galvanisés dit queue de rat. Les fils seront tendus horizontalement à l'aide de raidisseurs à 0,30 centimètres les uns des autres, le premier à 0,30 centimères du sol ; ils serviront à palisser les branches latérales. Sur ces fils de fer on placera dans une direction verticale des tringlettes en laissant entre elles un écartement de 25 à 30 centimètres ; elles serviront à maintenir les branches de charpente dans la direction verticale.

De la formation du cordon vertical.

Les arbres étant plantés le long du mur d'après les principes donnés pour la plantation, nous allons maintenant étudier la formation du cordon vertical simple (fig. 52). Cette forme offre un seul avantage ; c'est d'avoir dans un espace restreint beaucoup de variétés de poiriers ; mais, à côté de cela, elle procure d'elle-même une série de difficultés qui la condamnent à l'avance.

On plante les sujets à 30 ou 35 centimètres de distance. Au bout de 3 ou 4 ans, les racines s'entrelacent, elles épuisent complètement le sol, l'arbre se couvre de productions fruitières, ne donne que de petits fruits sans aucun sucre, et finit par périr. Il faut avoir recours au remplacement qu'il est impossible de faire sans détruire les racines des arbres avoisinants, et il en résulte que l'on a un espalier toujours irrégulier et très défectueux. De plus la plantation exige une grande quantité d'arbres. Si l'on se trouve en présence d'un bon terrain, on fera choix de variétés fertiles greffées sur cognassier, ce

dernier sujet ayant moins de vigueur. Par cette com-
binaison, les arbres se mettront à fruit très vite, et

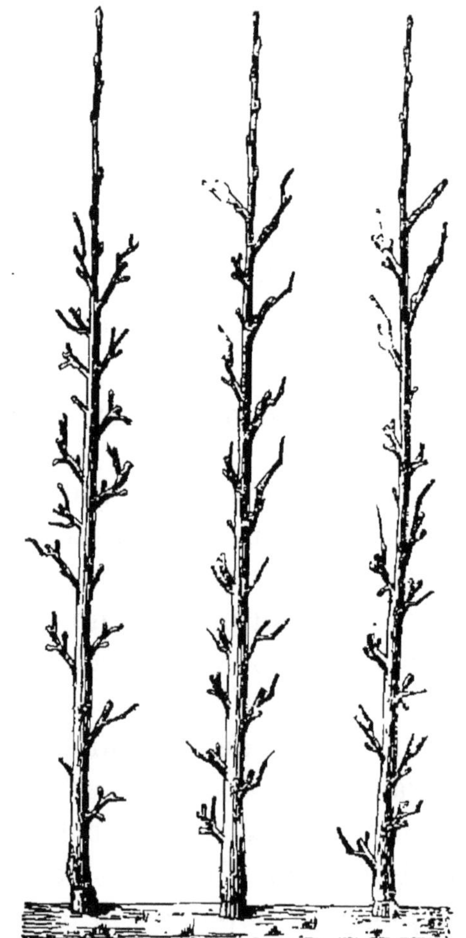

Fig. 52. — Cordons verticaux simples.

rapporteront pendant quelques années avant d'être
complètement épuisés.

A la plantation, on fait choix de scions ramifiés,
autant que possible, on les taille la deuxième année
à 0,50 centimètres et sur un œil en avant. Les faux
rameaux seront taillés à 3 yeux. On pratiquera des

incisions ou des entailles sur les yeux qui se développent difficilement.

Pendant le courant de la végétation, le bourgeon
terminal sera attaché sur la tringlette; lorsqu'il aura
atteint 35 ou 40 centimètres de long, on le pincera à
30 centimètres pour faire grossir les yeux de la base :
les bourgeons qui sont au-dessous et qui l'avoisinent
seront pincés à 10 centimètres, de cette façon, ceux
qui sont au-dessous seront favorisés.

A la deuxième taille on allongera la flèche de 45 à
50 centimètres selon sa force, et on opérera de la
même manière que l'année précédente pour la formation du cordon. Il en sera de même chaque année
jusqu'à son achèvement.

La meilleure hauteur d'un mur destiné à recevoir
des cordons verticaux, est celle de 2 m. 50 ou 3 mètres,
même 4 mètres, elle permet d'avoir une plus grande
quantité de branches fruitières pour l'évolution de
la sève.

Du cordon oblique.

Dans la plantation d'un mur de cordons obliques
(fig. 53), les arbres seront distancés de 40 à 45 centimètres; on les rabat à 50 centimètres du sol. Pour
les former on leur donne les mêmes soins qu'aux
cordons verticaux. Dans le courant de la végétation,
on palissera la flèche presque dans la direction verticale et, à la deuxième taille, on l'attachera définitivement dans une inclinaison de 45 degrés, obliquité
qu'elle doit avoir chaque année. On continuera de
lui donner les mêmes soins jusqu'à la formation
complète du sujet.

On peut aussi former des cordons obliques

doubles. Pour cette forme, on plante les sujets soit à
80 soit à 90 centimètres, distance nécessaire pour

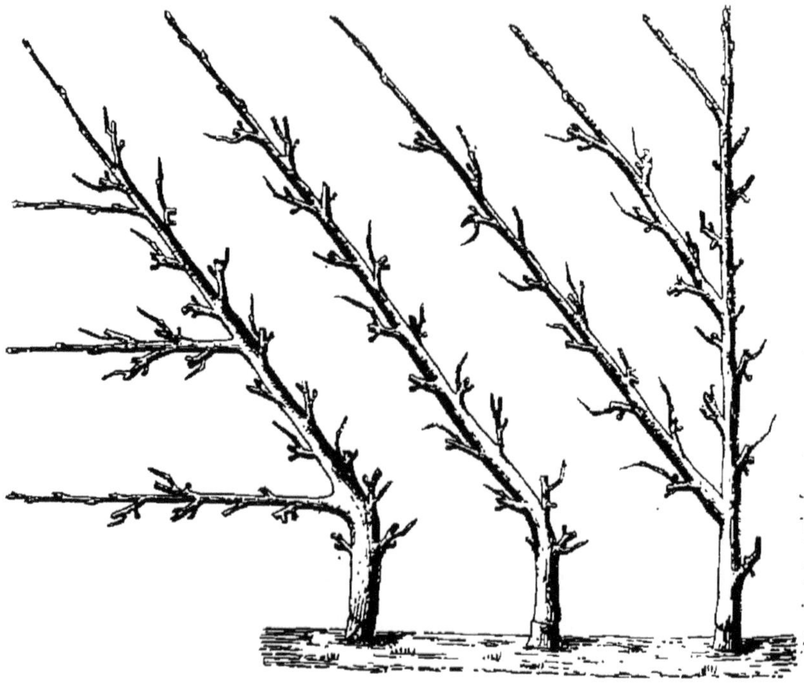

Fig. 53. — Cordons obliques.

les 2 cordons; et, la deuxième année, on rabat les
arbres à 40 centimètres du sol pour avoir 2 bourgeons
latéraux qui doivent former les 2 branches de charpente ou cordons.

Le cordon oblique ne diffère du cordon vertical,
que parce qu'il faut plus de surveillance sur la végétation supérieure, qui prend un grand accroissement
aux dépens de l'inférieure : si l'on n'y prend garde,
la sève s'emporte vers les branches fruitières du
dessus et celles de la partie inférieure périssent à
bref délai. Cette forme n'est pas plus recommandable que la précédente. Si le sol dans lequel l'on
veut établir ce genre d'espalier est en pente, on

dirige l'extrémité des arbres vers le point le plus élevé.

Formation de l'U simple.

L'U simple (fig. 54) est de beaucoup préférable aux deux formes décrites ci-dessus quoique les sujets se trouvent encore un peu rapprochés. Cette forme bien que petite garnit rapidement une muraille et peut être utilisée dans un terrain de médiocre ou de moyenne qualité.

Les sujets seront plantés à 60 centimètres les uns des autres, et l'année suivante rabattus à 40 centimètres. A la hauteur de 25 à 30 du sol on fera choix de 2 bourgeons opposés qui seront d'abord palissés horizontalement sur 2 baguettes et relevés ensuite en forme d'U, dans la direction verticale; l'écartement entre les 2 bourgeons sera de 0,30 centimètres. Pendant le courant de la végétation, on surveillera attentivement le développement des 2 bourgeons, d'après les principes prescrits pour l'équilibre de la sève.

Fig. 54.— U simple.

A la deuxième taille les 2 flèches seront taillées à 45 ou 50 centimètres de long, selon leur force et sur un œil en avant autant que possible, pendant le courant de la végétation le traitement sera le même que pour l'année précédente, et il en sera de même chaque année jusqu'à la formation complète du sujet.

Comme les deux précédentes, cette forme convient principalement aux murs élevés.

De l'U double.

L'U double, comme l'indique la figure 55, est de toutes les formes verticales une des plus gracieuses

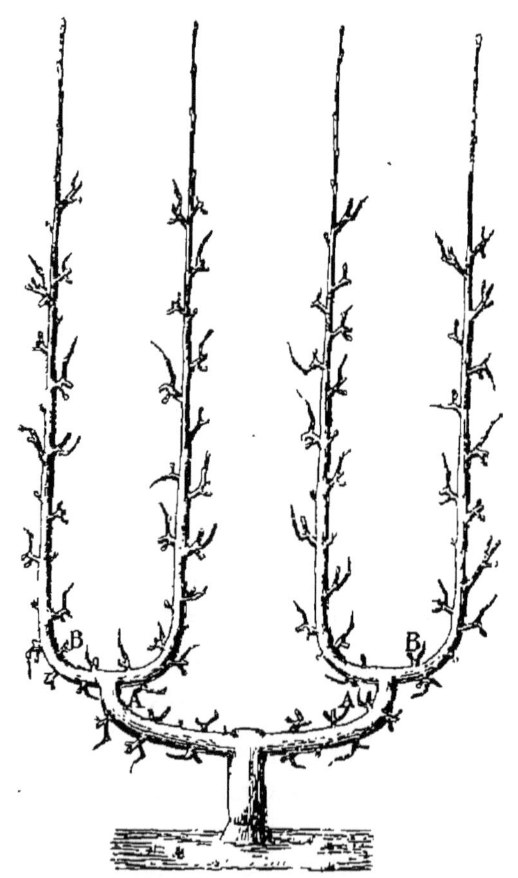

Fig. 55. — U double.

et des plus agréables à l'œil; elle est assez facile à faire et arrive à garnir très promptement un **mur.**

Nous la considérons comme une des meilleures. La disposition de ses 4 branches de charpente donne à la sève un plus grand parcours que dans un cordon simple ou dans un U et la mise à fruit est plus prompte.

Pour l'obtenir, il faut planter les sujets à 1 m. 20 les uns des autres. On choisira de préférence un scion simple. On rabattra le sujet à 35 centimètres du sol, sur 2 yeux combinés qui seront pris à 30 centimètres, l'un à droite, l'autre à gauche.

On laissera développer ces deux bourgeons qui doivent former la charpente de l'arbre, jusqu'à ce qu'ils aient atteint 35 centimètres de long. A ce moment, on les palissera horizontalement, sur une baguette placée à cet effet, jusqu'à une distance de 30 centimètres du pied de l'arbre, et on redressera ensuite les extrémités verticalement. On les laisse se développer dans cette position jusqu'à une hauteur de 15 à 20 centimètres. A cette hauteur, on palisse la pointe de chaque bourgeon sur la baguette intérieure de la charpente en A (fig. 50); mais de façon que sur le coude il se trouve un œil en dessus, au point B, qui se développera en bourgeon et formera la branche extérieure de l'U. Il peut arriver que le bourgeon incliné intérieurement se développe trop rapidement et entraîne la sève à son profit. Le seul moyen pour faire développer l'œil qui doit former la branche extérieure de l'U sera de tailler en vert, à la longueur de 5 à 8 centimètres et sur un œil en dessous, le bourgeon qui a été incliné intérieure-ment : à la suite de cette opération, les 2 yeux se développeront simultanément et formeront un U bien régulier. On procédera au même travail sur l'autre côté pour former l'U double. Une fois ce dernier obtenu, on surveillera très attentivement la végétation des 4 bourgeons qui sont appelés à former les branches charpentières de l'U double.

Pour la seconde année de taille, si notre U double est bien formé, on taillera les 4 branches charpentières sur un œil en avant à 20 centimètres au-dessus du point de naissance de l'U dans la direction verticale.

Si, au contraire, l'on n'a pas pu obtenir la formation de l'U double la première année, les 2 branches charpentières appelées à le former seront taillées chacune au point où l'on veut l'obtenir sur 2 yeux de côté qui se développeront en bourgeons et constitueront l'U dans le courant de l'année. Chaque année les branches charpentières seront allongées de 30 à 40 centimètres selon la vigueur du sujet.

Du candélabre à 3 branches.

Cette forme, telle que nous la représente la figure 56, a un grand défaut, à cause de la difficulté que l'on éprouve à maintenir l'équilibre entre les 3 branches de charpente. On remarque dans cette forme que la branche du milieu formant axe central, tend toujours à absorber la sève au détriment des 2 autres. On pourra s'en rendre maître d'abord à la taille d'hiver, en taillant celle du milieu plus courte que les deux autres ; pendant le courant de la végétation, on veillera à l'équilibre de la sève au moyen du pincement.

Malgré tout, cette forme est utile dans de certains cas, lorsqu'il s'agit de combler un vide ou pour terminer un mur. Dans cette forme les sujets sont plantés sur la ligne à une distance de 90 centimètres

les uns des autres; et l'année suivante, on les rabat
à 40 centimètres du sol; à 30 centimètres on fait
choix de 3 bourgeons dont un à droite, un autre à
gauche, et le troisième en avant au-dessus des

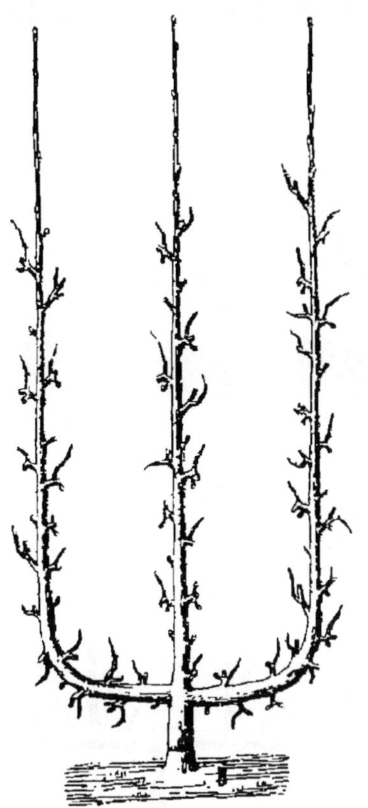

Fig. 56. — Candélabre à 3 branches.

2 premiers. On dirige le bourgeon du milieu
verticalement, les 2 autres sont palissés horizontalement, à droite et à gauche, jusqu'à la distance de
30 centimètres de celui du milieu; arrivée à ce
point, l'extrémité de chaque bourgeon sera relevée
et palissée dans la direction verticale.

Du candélabre à 4 branches.

Le candélabre à 4 branches que représente la
fig. 56 *bis* est de beaucoup préférable à celui à
3 branches. Il est plus facile à conduire et, la branche

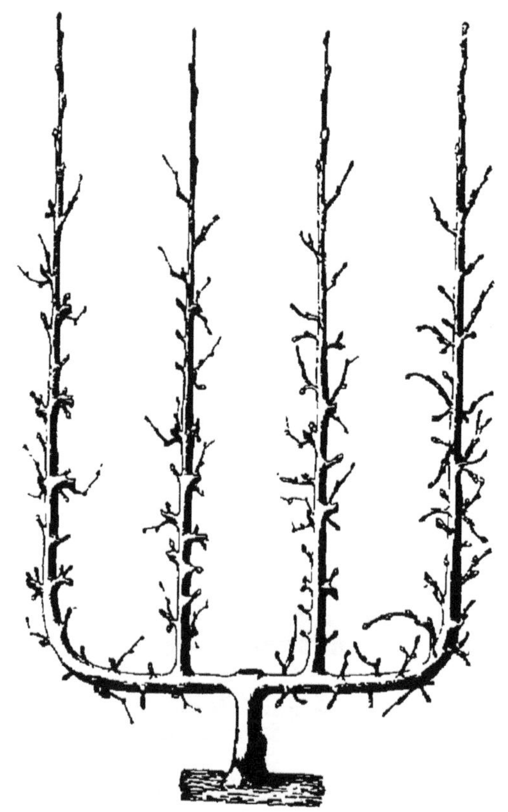

Fig. 56 *bis*. — Candélabre à 4 branches.

du milieu n'y existant pas, l'équilibre de la sève se
fait avec une régularité beaucoup plus grande. Aussi
ne saurions-nous trop préconiser cette forme avec
laquelle on obtient les meilleurs résultats comme
aspect et bonne fructification.

Du candélabre à 8 branches.

La forme candélabre se compose de 2 branches horizontales dont les extrémités sont redressées verticalement et forment les branches extérieures de

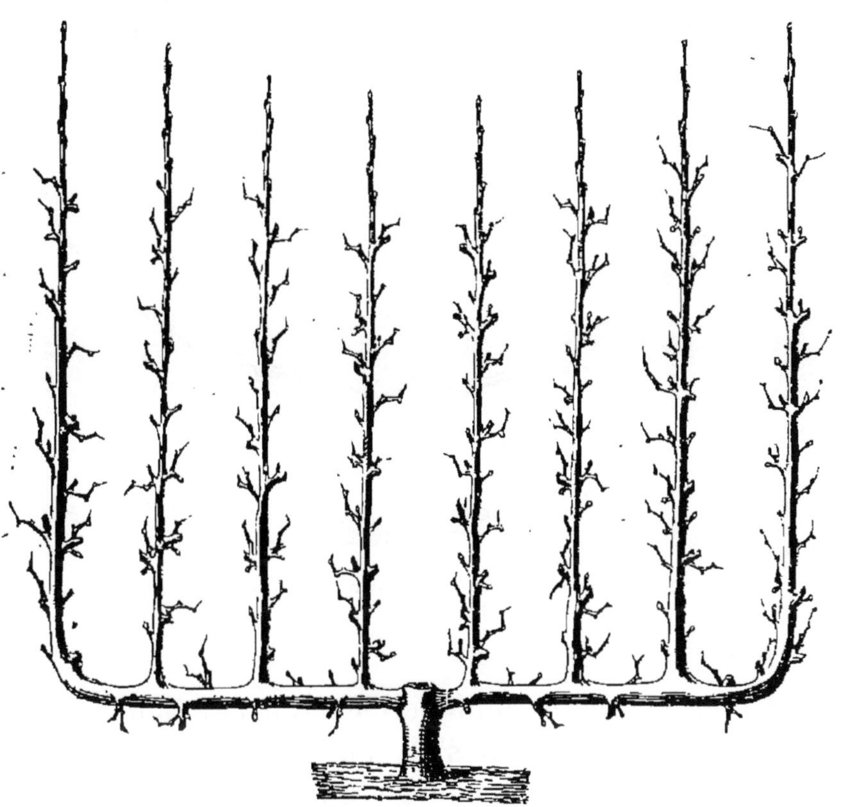

Fig. 57. — Candélabre à 8 branches.

l'arbre ; et d'un nombre égal de branches verticales prenant naissance sur chaque branche horizontale. La figure 57 nous représente un candélabre à 8 branches.

L'écartement entre chaque branche verticale est de 30 centimètres. Pour obtenir cette forme les sujets seront plantés à 2 m. 40 les uns des autres.

1ʳᵉ *année de taille*. — L'année qui suit la plantation, on rabat le sujet à environ 40 centimètres afin d'obtenir à 30 centimètres du sol deux bourgeons, l'un à droite, l'autre à gauche, qui seront destinés à former les branches charpentières. On les laissera d'abord croître à leur aise ; lorsqu'ils auront 40 centimètres de longueur on les palissera sur deux ba-

Fig. 58. — Formation du candélabre à son premier développement.

guettes placées en demi-cercle A (fig. 58). Dans le courant de la végétation, s'il y a nécessité, on pratiquera un pincement sur le bourgeon le plus vigoureux pour rétablir, autant que possible, l'équilibre entre eux.

2ᵉ *année de taille*. — Les branches de charpente ne seront pas taillées, si elles sont bien équilibrées. Si elles ne sont pas d'égale force, on ne touchera pas à la plus faible, et la plus forte sera taillée de façon à être un peu plus courte que l'autre. Aussitôt cette taille, on les redescendra un peu pour les rapprocher de la direction horizontale qu'elles devront avoir au moment de la formation du candélabre.

3e année de taille. — Les branches de charpentes seront redescendues complètement et palissées horizontalement jusqu'au point ou elles doivent être redressées verticalement.

On ne commencera à prendre les branches verticales de l'intérieur que lorsque les branches mères auront atteint, dans la direction verticale, le tiers de la hauteur du mur au moins. On prendra les 2 branches les plus rapprochées du tronc à 15 centimètres de celui-ci et un an plus tard seulement; si on les prenait en même temps que les autres, la sève arriverait en trop grande abondance dans ces 2 branches et abandonnerait les plus éloignées.

S'il se trouve dans les endroits où l'on doit prendre les branches verticales de l'intérieur, un dard, une lambourde, une branche fruitière placés dans une direction par trop horizontale, on fera suppression de ces organes sur leur empatement, et l'on aura recours aux yeux stipulaires les mieux placés, se rapprochant le plus de la direction verticale.

Quand toutes les branches du candélabre seront obtenues, on aura bien soin d'équilibrer la sève; les branches extérieures et celles avoisinantes seront toujours taillées plus longues que celles de l'intérieur, comme l'indique la figure 57.

Cette forme est très facile à faire, mais à la condition que l'on surveillera continuellement les 2 branches qui avoisinent le tronc, dans la crainte de les voir absorber la sève au détriment de celles qui sont plus éloignées.

Dans un bon terrain, il sera préférable de former des U doubles, la sève fonctionnera avec beaucoup plus de régularité que dans le candélable à 4 branches, même à 6.

Dans la plantation d'un mur de candélabres, on pourra greffer les branches horizontales entre elles à leur point de rencontre. Seules les branches horizontales extérieures des arbres qui se trouvent aux deux extrémités du mur, ne seront pas greffées.

De la palmette Verrier simple.

La palmette Verrier simple est une des meilleures formes ; l'aspect de toutes les branches charpentières, ayant au départ une direction horizontale et verticale ensuite, forme un ensemble des plus harmonieux.

Nous remarquons aussi dans cette forme que la muraille se trouve complètement garnie, depuis le bas jusqu'en haut, il n'y a aucun espace de mur de perdu ; nous ne saurions trop la recommander aussi bien pour son équilibre que pour la fructification.

Elle peut se composer de 4, 5, 6, 7 et même 8 étages, selon la nature du sol, l'espace que l'on veut garnir et la hauteur du mur ; la distance entre chaque branche de charpente sera de 30 centimètres.

La figure 59 nous représente une palmette Verrier simple âgée de plus de 30 ans (Louise bonne d'Avranches) existant actuellement au jardin du Luxembourg et possédant 9 étages et la flèche. La récolte de fruits sur cette palmette en 1894 était environ un mille.

1re *Année de taille*. — Pour obtenir cette forme, on fait choix d'un scion simple d'un an bien constitué (fig. 60).

Ce scion ne sera taillé que l'année qui suit la plan-

-lation environ à 40 centimètres en A. A une distance de 30 centimètres au-dessus du sol, on choi-

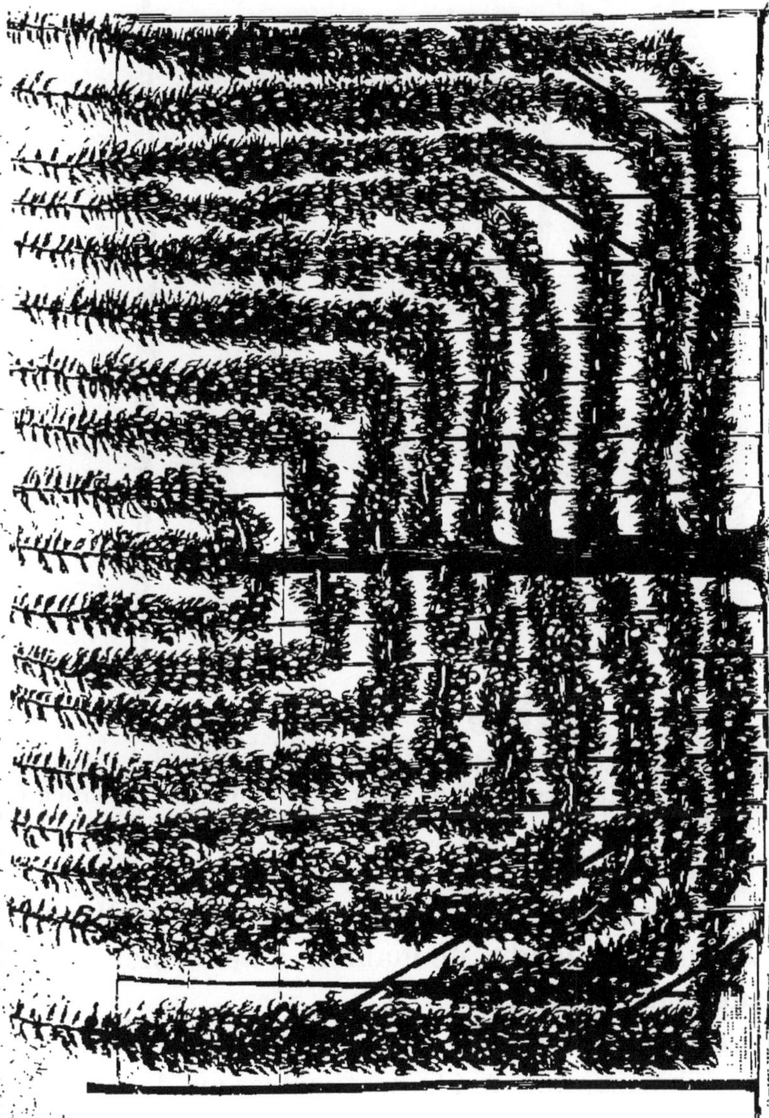

Fig. 59. — Palmette Verrier âgée de plus de 30 ans existant au Luxembourg, 1894.

sira 3 yeux, un à droite, un à gauche et l'autre en
avant et au-dessus de ces deux derniers. Les 2 yeux
BB' sont destinés à former le 1er étage, et l'œil C à
former la tige de la palmette.

Nous faisons choix de 2 baguettes de même grosseur que nous taillons en biseau ; et nous rappro-

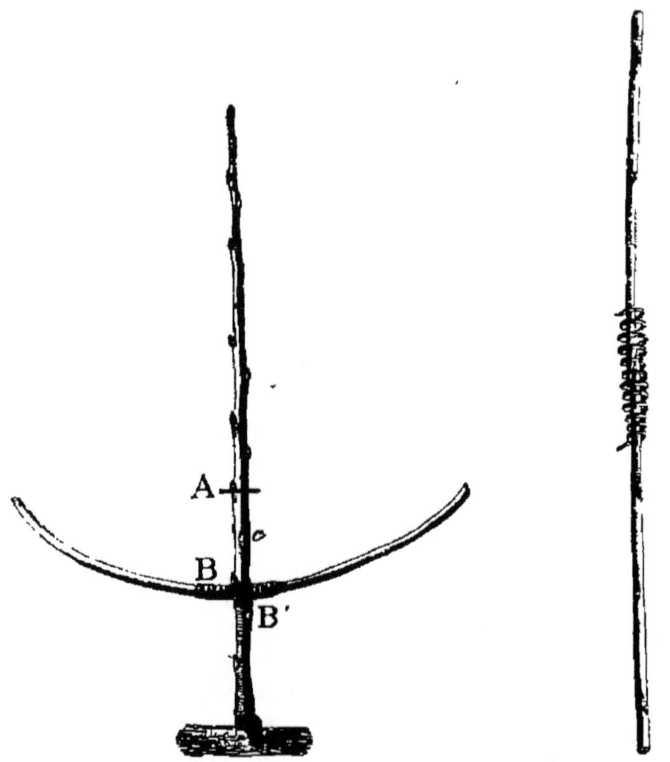

Fig. 60. — Scion simple, choix des yeux pour la formation de la palmette.

Fig. 61. — Baguette pour la formation de la palmette.

chons ces 2 biseaux l'un contre l'autre en les attachant avec un osier fendu, de manière à ne former qu'une seule baguette (fig. 61).

Ceci fait, nous plaçons cette baguette dans une ligne horizontale à 1/2 centimètre au-dessous des 2 yeux de côté, le point de ligature touchant au tronc de l'arbre, et nous relevons ensuite les extrémités de notre baguette en forme de demi-cercle (fig. 60).

Au développement des trois bourgeons, le supérieur destiné à continuer la tige sera palissé contre le treillage, et les deux autres contre les baguettes. Quand ils auront acquis une longueur de 20 à 25 cent. si, parmi ces deux bourgeons, il s'en trouve un qui pousse plus vigoureusement, il sera palissé très sévèrement, et le plus faible sera laissé en liberté jusqu'à ce qu'il atteigne la même longueur que l'autre.

Cette précaution est nécessaire pour rétablir l'équilibre entre eux. Du reste, pendant tout le courant de la végétation, nous devrons surveiller très attentivement le développement de ces deux bourgeons afin de les avoir de même longueur à la fin de la saison. Si le bourgeon vertical prend un trop grand développement au détriment des deux autres, on le pincera quand il aura atteint la longueur de 35 à 40 centimètres.

Pour la régularité de la palmette Verrier, les étages seront établis à la même distance et de la manière suivante : si dans le 1er étage la branche charpentière de droite se trouve la plus basse, il devra en être de même pour toutes les autres séries, à seule fin d'éviter un écartement dans un endroit et un rapprochement dans un autre, ce qui serait très désagréable à la vue. Pour obvier à cet inconvénient, vers la fin de juin ou juillet, si la branche de droite du 1er étage se trouve la plus basse et que, sur le bourgeon terminal à la hauteur de 30 centimètres, point où nous devons établir le second étage, il se trouve que l'œil le plus bas soit celui de gauche, nous ferons subir une torsion au bourgeon pour obtenir, au moment de la taille suivante, le second étage dans la même position que le premier. On renouvellera cette opération chaque fois que le besoin s'en fera sentir, c'est un bon moyen d'arriver à former des arbres exemplaires.

Les bourgeons qui se développent sur la tige de l'arbre et au-dessous de ceux qui formeront le 1er étage, seront pincés à l'état herbacé à 3 ou 4 bonnes feuilles au-dessus de la rosette. Ces bourgeons

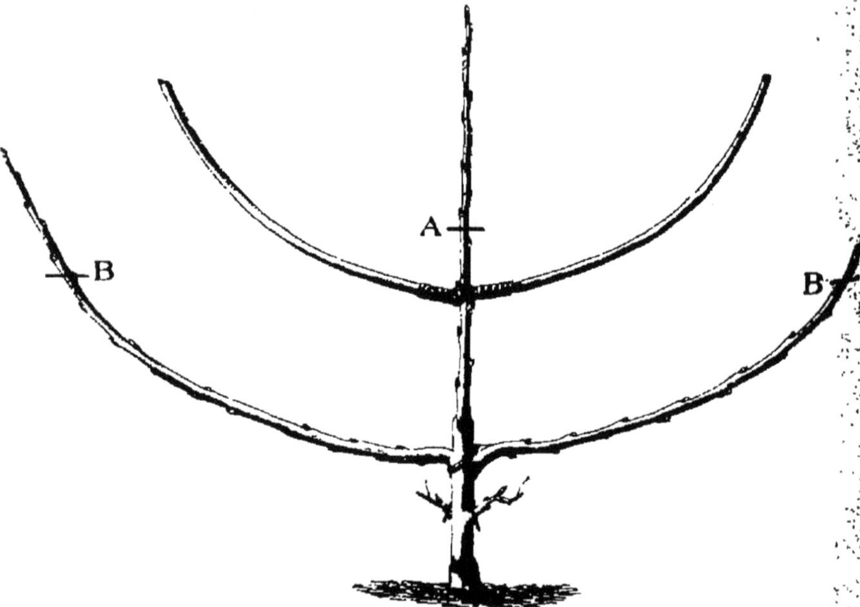

Fig. 62. — Formation de la palmette Verrier, à sa 2e année de taille.

par la sève qu'ils attirent, favorisent la croissance de l'arbre.

2e année de taille. — L'axe central sera taillé en **A** à 40 centimètres au-dessus du 1er étage (fig. 62), sur 3 yeux choisis, l'un à droite, l'autre à gauche et le troisième au-dessus et en avant ; ces 3 yeux serviront à la formation du 2e étage. Une baguette préparée et placée ensuite comme il a été dit plus haut servira à palisser les bourgeons de la 2e série.

On taillera l'extrémité des 2 premières branches de charpente du quart de leur longueur en B (fig. 62) sur un œil de devant ou de dessous, mais jamais sur un œil en-dessus ; de la sorte l'on évitera un coude aussi désagréable à la vue que nuisible à l'équilibre des branches de charpente.

Si une branche de charpente se trouvait plus forte que l'autre, elle serait taillée vers la moitié de sa longueur et la faible resterait intacte ; si ce moyen ne suffisait pas, on laisserait cette dernière en liberté, en l'éloignant même du mur au besoin, et en dernier terme de rigueur on pratiquerait une entaille à environ 1/2 centimètre au dessus de son empatement et une incision longitudinale sur toute sa longueur.

Les rameaux laissés sur la tige de l'arbre entre les branches de charpente de la 1re série et la greffe seront supprimés sur leur empatement.

Les bourgeons qui doivent former la 2e série seront palissés et dirigés d'après les mêmes principes que l'année précédente. Tous les bourgeons qui se sont développés sur les branches de charpente de la base seront pincés à l'état herbacé et successivement sur 3 ou 4 bonnes feuilles au-dessus de la rosette. Le ou les 2 bourgeons qui avoisinent le terminal, seront coupés au-dessus de leur empatement, pas trop jeunes, seulement lorsqu'ils auront une longueur de 10 à 15 centimètres.

Par suite de cette opération, la sève passe au profit du bourgeon terminal, les gourmands se trouvent évités et l'on voit peu de temps après les yeux stipulaires se développer et donner naissance à des organes beaucoup moins vigoureux et qui se transforment plus facilement à fruit.

On pratiquera le même travail sur les yeux qui se développent vigoureusement sur le dessus des branches de charpente.

3e année de taille. — On opère (fig. 63) comme on

l'a fait précédemment pour obtenir la 2e série. Les

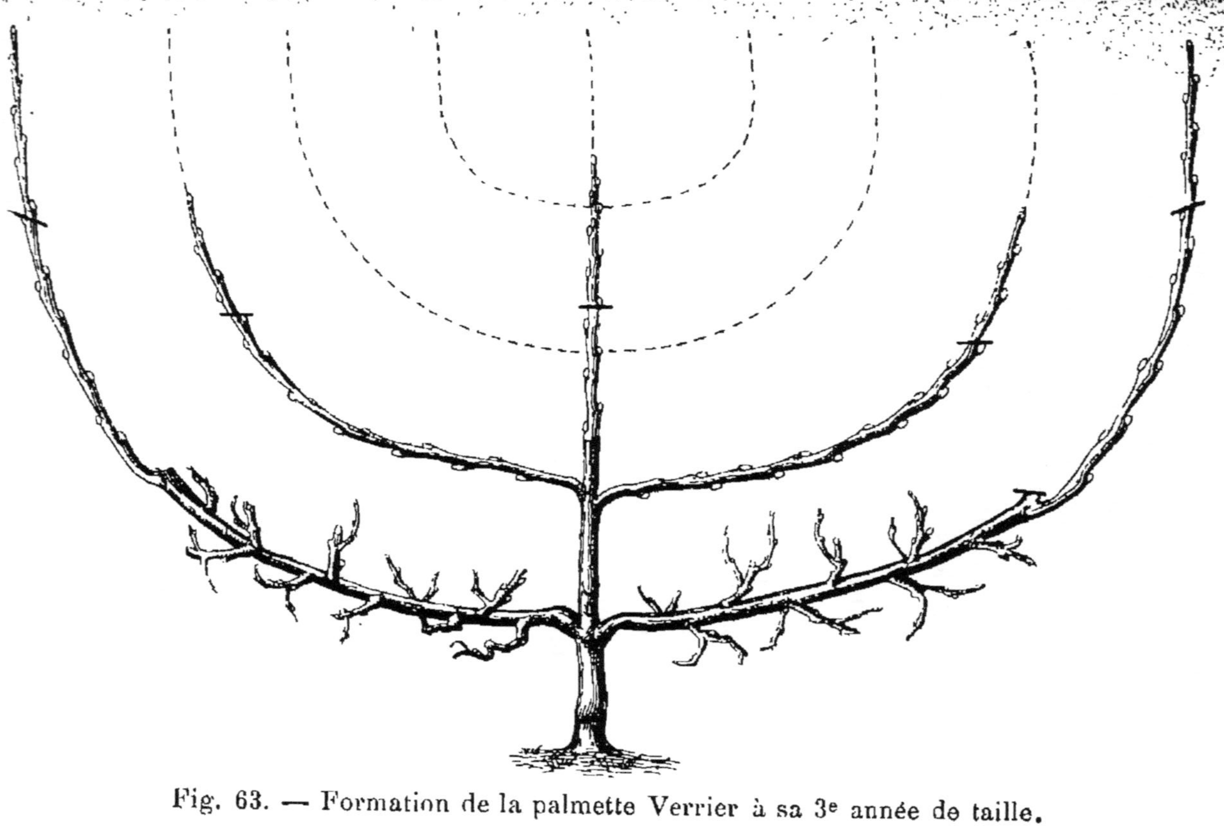

Fig. 63. — Formation de la palmette Verrier à sa 3e année de taille.

branches de charpente seront taillées en proportion d'autant plus courtes qu'elles sont plus élevées, elles

ne devront jamais dépasser celles de l'étage inférieur.

Les branches fruitières (ou coursonnes) nées sur
les branches de charpente de la 1re série sont taillées
à 3 ou 4 yeux, selon la vigueur du sujet. Si nous rencontrons déjà quelques boutons à fruits sur de certaines coursonnes qui ont été pincées à l'état herbacé, l'année précédente, nous les conserverons très
précieusement.

4e année de taille. — Nous procédons de la même
façon pour l'obtention de la 4e série et pour la taille
des branches de charpente. Nous redescendrons ensuite les 3 séries de branches charpentières dans la
direction horizontale en redressant leur extrémité
dans la direction verticale comme il est prescrit
fig. 64.

Nous ne devons pas oublier qu'en élevant les branches en demi-circonférence, elles se développent
beaucoup mieux que celles placées horizontalement.
En effet, la sève tendant toujours à s'emporter vers
le centre, l'équilibre des branches de charpente et
de l'axe central de la palmette ne sera obtenu que si
toutes les extrémités arrivent à la même hauteur; ce
qui sera très difficile à obtenir dans la formation
d'une palmette, si dans la première année on veut
lui donner la forme Verrier.

Nous remarquons encore un autre avantage de la
palmette Verrier élevée en demi-cercle; c'est qu'en
abaissant les branches dans la direction horizontale,
on risque beaucoup moins de les éclater que si elles
avaient été élevées dans la direction oblique.

La meilleure manière pour obtenir les branches
charpentières d'une palmette à la même hauteur,
ainsi que les étages à la même distance, c'est de

placer, au moyen de la greffe en écusson, 2 yeux latéraux bien opposés, l'été qui précède l'obtention de ces branches charpentières.

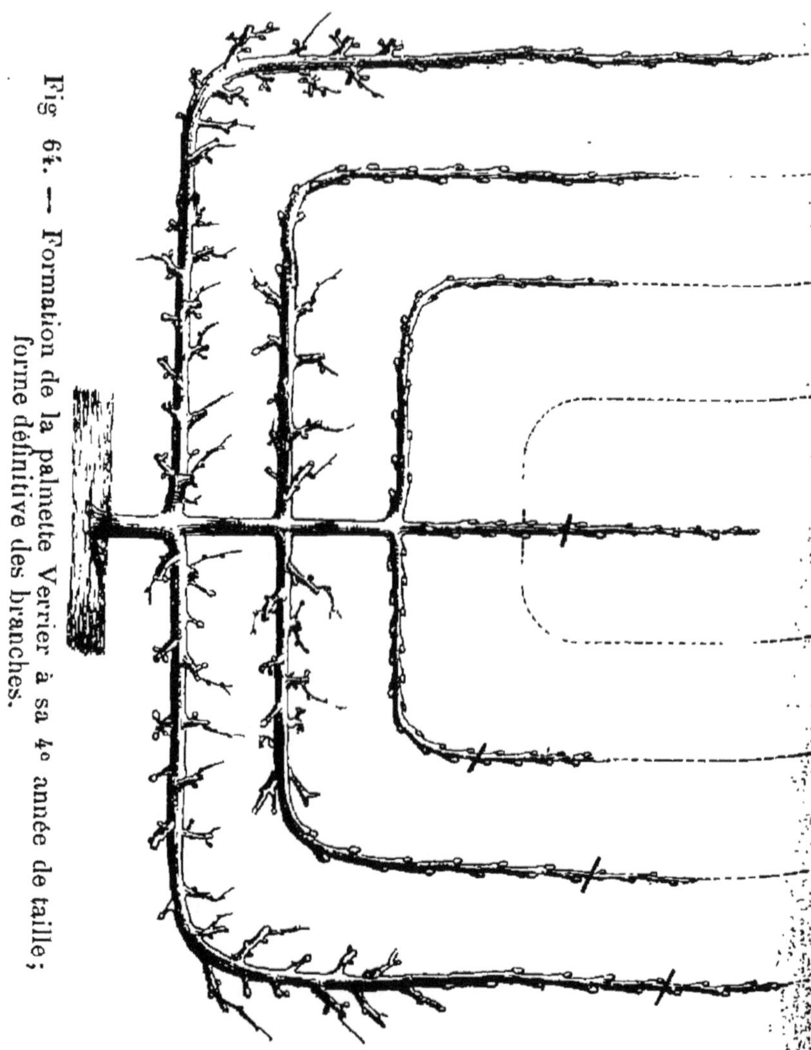

Fig 64. — Formation de la palmette Verrier à sa 4º année de taille; forme définitive des branches.

Dans un bon terrain on pourra former des palmettes de 5, 6, 7 étages et même plus. Avec des murs de 3 mètres de hauteur et en présence d'un terrain de moyenne vigueur, il sera préférable d'établir des palmettes de 2 ou 3 séries au plus et sans axe central. Il est à remarquer, en effet, que sur une palmette de petite ou de moyenne forme, si l'on conserve l'axe, il attire toujours à lui la sève, au détriment des autres séries de branches charpentières qui constituent la palmette elle-même.

De la palmette Verrier double.

Pour obtenir cette forme, on taille un jeune scion sur 2 yeux latéraux à environ 35 centimètres du sol

Fig. 65. — Scion simple pour la formation de la palmette Verrier double.

en A (fig. 65). On place ensuite, comme pour la palmette Verrier simple, une baguette dont les extrémités sont relevées en demi-cercle, et on palisse dessus les bourgeons qui doivent servir à former la première série de branches charpentières.

Ces branches seront dirigées pendant 2 ou 3 ans sur une baguette ; au bout de ce temps, elles seront

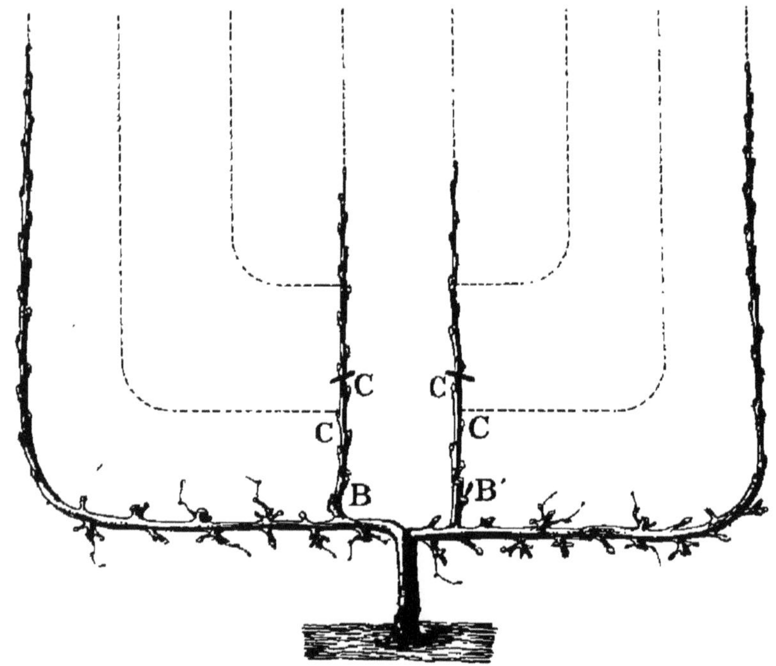

Fig. 66. — Obtention de la seconde série, par la taille, 1er procédé.

redescendues dans la direction horizontale et leur extrémité relevée verticalement.

Si à la fin de la seconde végétation, ces branches charpentières sont assez fortes, au départ de la troisième végétation, on fera choix, sur le dessus de chacune d'elles et à une distance de 15 centimètres de l'axe central supprimé, de 2 bourgeons qui seront élevés dans une direction verticale comme il est indiqué en B B' (fig. 66).

L'année suivante, ces 2 branches verticales seront taillées à 30 centimètres au-dessus de la première série, sur 2 yeux C C' : le premier, au-dessus et en avant, sera destiné à continuer la tige ; le second, sur le côté au-dessous du premier servira à établir la seconde série.

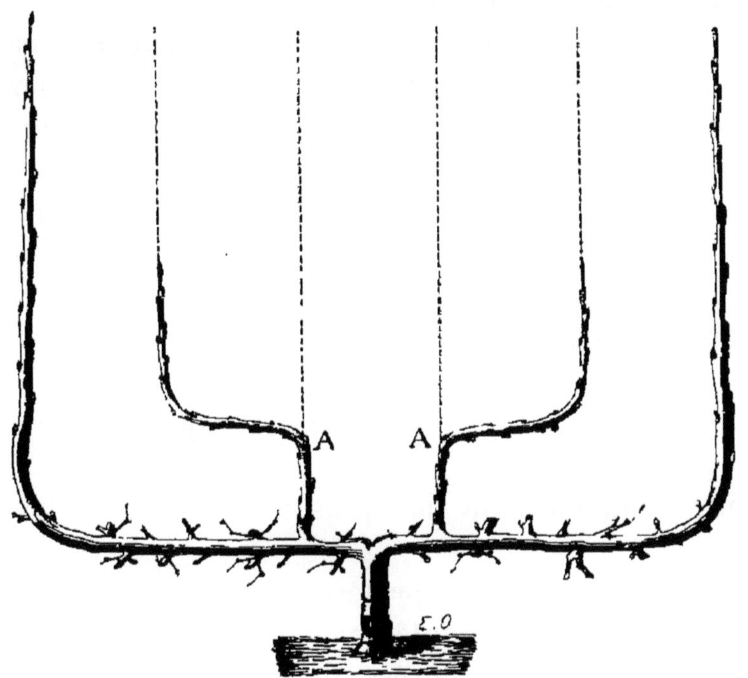

Fig. 67. — Obtention de la seconde série par l'arcure.
2e procédé.

Il en sera de même chaque année jusqu'à la formation complète de la palmette, si les branches charpentières sont assez fortes; dans le cas contraire, on devra s'abstenir de prendre une nouvelle série chaque année.

Dans la formation de la palmette Verrier double, il est une seconde manière de former les étages supérieurs : c'est au moyen de l'arcure. Au point où l'on veut obtenir une autre série, on incline horizontalement le rameau qui a été élevé dans la direction verticale, en relevant son extrémité en demi-cercle (fig. 67), mais en ayant soin qu'il se trouve au point où on incline le rameau, un œil placé juste sur le coude. Cet œil est destiné à fournir, pour l'année suivante, le rameau vertical qui doit continuer la formation de la charpente.

Si, le rameau incliné est faible, son extrémité ne sera pas taillée dans la crainte de voir l'œil placé sur le coude se développer trop vigoureusement et absorber toute la sève.

Si au contraire, le rameau incliné est d'une bonne constitution, il sera taillé au-dessus des 2 3 de sa longueur et sur un œil en dessous ou de côté, mais jamais sur un œil en dessus.

Formation de la palmette Cossonnet.

Cette forme était une des plus utilisées, il y a 25 ou 30 ans.

Elle était employée de préférence lorsqu'il s'agissait de garnir très promptement un mur.

La figure 68 nous représente une palmette dont les branches sont palissées horizontalement et garnissent la moitié inférieure du mur ; seul l'axe central de cette palmette arrive à la partie supérieure du mur entre les branches inférieures des deux palmettes formées dans la direction oblique.

La figure 69 nous représente une palmette dont les branches sont palissées obliquement sur un angle de 45 degrés ; cette forme est destinée à garnir entièrement le haut du mur.

Ces deux formes s'obtiennent de la même manière que la palmette Verrier simple.

L'une et l'autre de ces formes offrent de graves inconvénients : celle qui garnit la partie basse du mur et dont les branches sont palissées horizontalement, est couverte par le sujet se trouvant au-dessus ; les

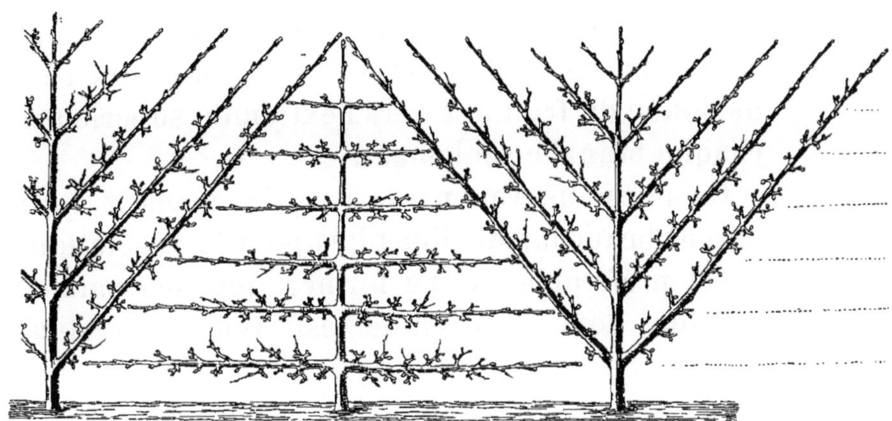

Fig. 68. — Palmette Cossonnet à branches horizontales.   Fig. 69. — Palmette Cossonnet à branches obliques.

branches, fruitières ou coursonnes, étant situées sur le dessus des branches de charpente et par conséquent dans une direction verticale ont une tendance à se développer à bois et sont beaucoup plus difficiles à transformer à fruit.

Les rameaux terminaux de ces branches de charpente horizontale, étant privés de lumière, ne tarderont pas à dépérir.

Quant à la forme qui couvre le haut du mur, nous remarquons que, par la direction oblique de ses branches, la sève abandonne toutes les coursonnes qui se trouvent sous les branches de charpente, pour affluer sur celles de dessus ; il en résulte que l'arbre ne donne du fruit que vers l'extrémité supérieure de chaque branche seulement.

Comme nous venons de l'expliquer ces 2 formes offrent beaucoup de difficultés pour la végétation, et il est préférable de ne former que des palmettes Verrier dont l'extrémité est relevée verticalement.

Formation de la palmette sur tige.

Cette palmette est très utile lorsqu'il s'agit de garnir a partie supérieure d'un mur élevé dont la base est déjà pourvue d'arbres fruitiers. On peut l'employer aussi très avantageusement à l'ornementation des façades et des pignons de nos habitations rurales. Le coup d'œil en serait très agréable et, de plus, le propriétaire y trouverait son profit par la récolte des fruits.

On établit cette palmette sur des tiges de hauteurs variables.

Ce genre de plantation se fait beaucoup dans le département de Seine-et-Marne.

Chaque fois que l'occasion se présentera, nous garnirons ces beaux murs, laissés trop souvent improductifs dans nos campagnes, à l'aide d'arbres fruitiers que l'on élèvera en palmettes sur tiges.

Cette forme convient principalement au poirier, au cerisier, mais moins bien à l'abricotier et au prunier.

Aux expositions du sud, de l'est, de l'ouest, du sud-est et du sud-ouest, nous y planterons des poiriers; à celles du nord, nord-est, nord-ouest, des cerisiers.

Comme ces arbres sont appelés à nous former une grande charpente, nous devrons planter dans un terrain substantiel, profond, reposant sur un bon soussol.

Pour ce genre de plantation, nous ferons choix de poiriers greffés sur franc, sauf dans des conditions excellentes comme qualité de sol; dans ce cas on adopterait le cognassier.

Les conditions pour avoir une tige solide sont de l'établir non pas sur le franc lui-même, mais avec des variétés intermédiaires vigoureuses, s'accordant parfaitement avec le sujet.

La variété de poire à cidre Carisy est employée couramment dans les pépinières pour ce genre de surgreffage, on peut également faire choix d'autres variétés à couteau, très vigoureuses et donnant des tiges très droites, telles que Curé, Beurré Hardy, Jaminette, Triomphe de Jodoigne, Bergamote Sageret, Conseiller de la Cour. Et sur ces intermédiaires on surgreffe les variétés que l'on veut avoir en tige.

Il est un fait certain que ce surgreffage ne sera

nécessaire que si les variétés choisies ne sont pas assez vigoureuses pour nous donner une bonne tige.

Dans ces variétés nous citerons : le Beurré d'Hardenpont, Saint-Germain d'hiver, Beurré Clairgeau, Doyenné d'hiver, Passe Crassane, Bon chrétien, William.

Pour les variétés : Duchesse d'Angoulême, Louise bonne d'Avranche, Doyenné d'Alençon, Olivier de Serres, Doyenné du Comice, Beurré magnifique, ce surgreffage est inutile.

Dès la première année de plantation du poirier franc, s'il possède une bonne vigueur, ou, dans le cas contraire, la seconde année, on greffera le sujet, en écusson à œil dormant, à la fin du mois de juillet, à environ 10 centimètres au-dessus du sol en A (fig. 70), à l'aide d'une variété intermédiaire et vigoureuse, ou d'une variété destinée elle-même à former la tige et à établir la palmette.

Au mois de mars de l'année suivante, le sujet sera rabattu de 15 à 20 centimètres au-dessus de l'écusson en B (même figure). Pendant le courant de la végétation on surveillera le développement du jeune bourgeon greffé, qui sera palissé d'abord sur l'onglet, ensuite sur un tuteur; les bourgeons qui pousseront sur le sujet au-dessous de la greffe et au-dessus seront pincés à une longueur de 10 à 15 centimètres, à seule fin de faciliter le développement de l'écusson et le grossissement de la tige.

Pour arriver à la hauteur de 2 mètres à 2 m. 30, il nous faut compter 3 années ; pendant ce temps les bourgeons qui poussent le long de la tige seront pincés comme il a été dit plus haut, et non supprimés sur leur empatement.

L'hiver qui suivra la troisième végétation du sujet

greffé, l'arbre sera déplanté et replanté, ce que nous appelons une transplantation ; la reprise du sujet sera

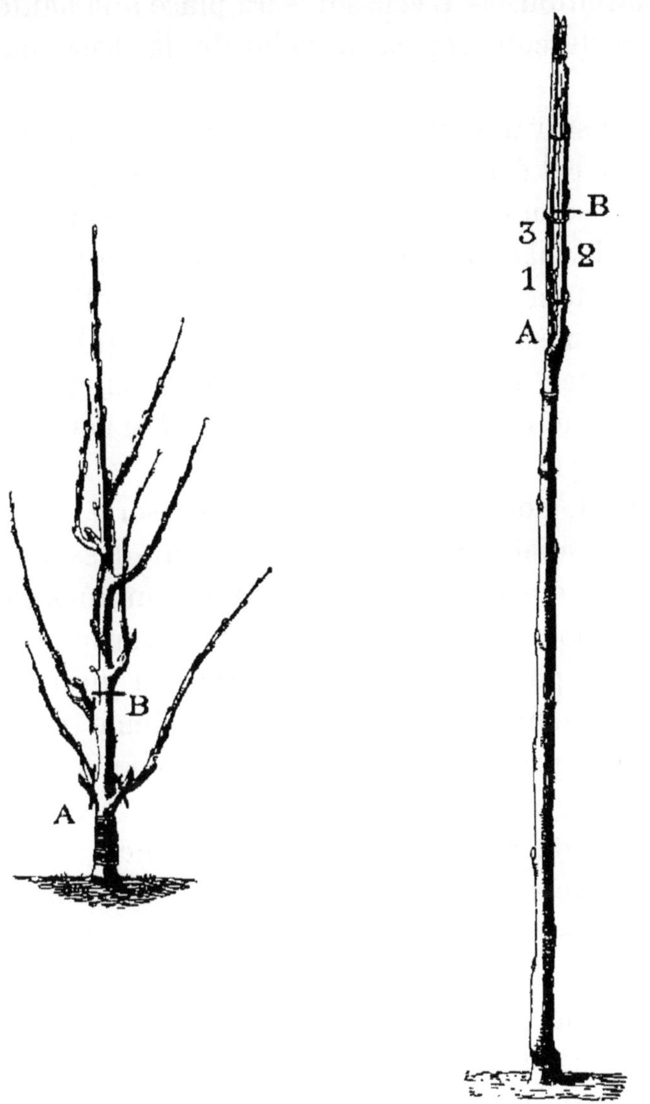

Fig. 70. — Formation de la palmette sur tige ; écussonnage
du sujet.

Fig. 71. — Formation de la palmette sur tige ; écussonnage
du sujet en tête et obtention
de la 1re série.

toujours plus certaine par la suite, lors de sa mise en place au long du mur.

Si l'on veut surgreffer le sujet, on procédera à cette opération vers la fin de juillet qui suivra la transplantation. — L'écusson sera placé à la hauteur voulue et du côté opposé à celui de la base (en A, fig. 71).

L'année suivante et pendant le courant de l'été on donnera à cet écusson les mêmes soins que ceux qui ont été donnés antérieurement au rameau intermédiaire de manière à favoriser son développement.

Comme nous le voyons, d'après les explications données ci-dessus, ce n'est que vers la cinquième ou sixième année de plantation de notre sujet greffé sur franc, que l'on peut dans la pépinière commencer à établir la palmette sur tige.

A cet effet, pour obtenir la première série, le rameau sera rabattu à 30 centimètres au-dessus du point où il a été surgreffé, sur 3 yeux combinés en B (fig. 71), dont un à droite, l'autre à gauche, aussi opposés que possible, pour constituer la première série de branches de charpente, le troisième œil au-dessus des 2 premiers et en avant, servira à continuer l'axe central de la palmette.

Si la seconde année de taille, les branches de la première série sont trop faibles, l'on restera une seconde année sans prendre de série ; de la sorte, les branches de la base seront mieux constituées.

La troisième année de taille, on prendra la seconde série à 30 centimètres au-dessus de la première et ainsi de suite chaque année. En ce qui concerne les soins à donner au sujet pendant le courant de la végétation, ainsi que la manière d'équilibrer la sève, nous nous reporterons aux explications données pour la formation de la palmette Verrier simple (page 137). Nous recommandons tout particulièrement la forme palmette Verrier simple, elle est d'un aspect très élégant par son équilibre et très pratique par sa fertilité.

Les meilleures variétés de poiriers à mettre sous cette forme sont : Beurré Diel, Doyenné du Comice, Duchesse d'Angoulême, Doyenné d'Alençon, Olivier de Serres, Saint-Germain d'hiver, Bergamote Esperen, Beurré d'Hardenpont, Doyenné d'hiver. Parmi toutes ces variétés, les deux dernières sont bien supérieures par leur qualité ; mais à une condition, c'est que nous leur réserverons les murs à l'exposition du sud et de l'est.

DU CONTRE-ESPALIER

Le contre-espalier est de beaucoup préférable à la pyramide pour la culture du poirier. Il prend peu de place, les fruits sont moins secoués par les vents et la charpente de l'arbre est plus facile à établir. Les branches charpentières étant espacées plus régulièrement, les productions fruitières recevant plus d'air et de lumière, se trouvent mieux nourries et produisent des fruits plus beaux et plus savoureux. Il est très facile aussi de préserver ces arbres des gelées printanières ; une simple toile tendue au-dessus du contre-espalier suffit. Toutes les variétés qui réussissent bien en pyramides ou en fuseaux sont cultivables en contre-espalier.

Le contre-espalier (fig. 72) nécessite une charpente. On l'établira solidement au moyen de 2 poteaux en fer à T qui seront placés à chaque extrémité du contre-espalier. Ces poteaux seront maintenus à l'aide de jambes de force placées en arc-boutant et enterrées dans le sol.

Sur la même ligne, on placera d'autres poteaux en laissant entre eux un intervalle de 4 à 5 mètres selon la longueur du contre-espalier. Ces poteaux seront fixés sur une platine en fer ou en tôle qui sert à les maintenir dans le sol. On ouvre une tranchée de 70 à 80 centimètres de profondeur ; on y place les poteaux et on recomble la tranchée en foulant bien la terre surtout dans le fond.

Tous ces poteaux seront percés de trous, dans lesquels on fera passer des fils de fer galvanisés n° 16, ces fils seront tendus à l'aide de raidisseurs et espacés de 30 centimètres les uns des autres, le premier à

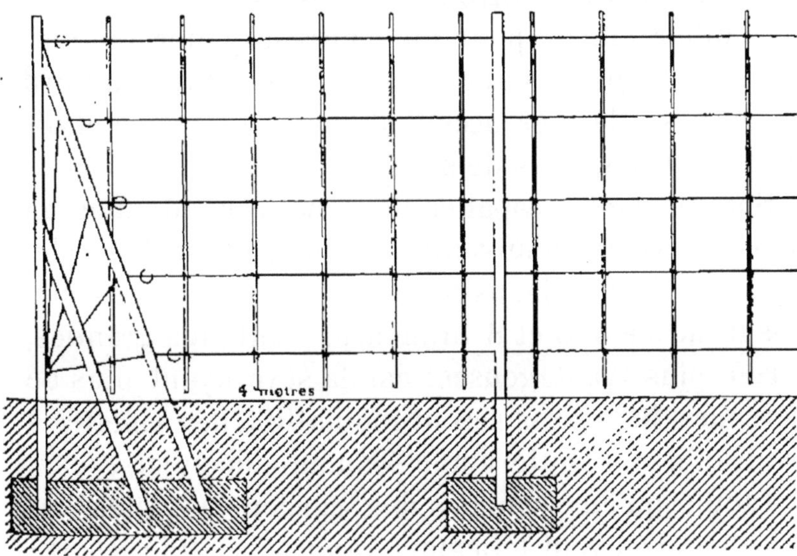

Fig. 72. — Établissement d'un contre-espalier.

30 centimètres du sol, le dernier à 15 centimètres de l'extrémité du poteau. On place ensuite sur le contre-espalier, et dans une direction verticale, des tringlettes en bois qui serviront à palisser les branches charpentières. Ces tringlettes seront distancées de 25 à 30 centimètres selon l'espace que l'on veut donner entre chaque branche de charpente. Elles devront être en sapin, auront 15 millimètres au carré et seront peintes à 2 couches, soit en gris, soit en vert. L'on peut aussi établir des contre-espaliers en bois, qui coûteront moins cher à installer ; mais ils seront moins beaux, offriront moins de solidité, ne dureront pas aussi longtemps et par le fait revien-

dront plus coûteux, puisque l'on devra recommencer plus souvent.

Nous pouvons donner aux arbres élevés en contre-espalier absolument les mêmes formes que le long d'un mur. Si nous établissons un contre-espalier simple, nous l'établirons de l'est à l'ouest; il en sera différemment pour un contre-espalier double; nous lui donnerons une direction s'étendant du nord au midi, ce dernier occupant moins de place et offrant beaucoup plus de solidité.

Sur un contre-espalier nous pouvons donner au poirier les formes suivantes : cordon vertical simple, U simple, U double, palmettes à 6 ou 8 branches, etc. Les formes à 4, 6 et 8 branches, étant plus grandes, seront plus avantageuses; car la sève ayant plus de parcours, les arbres seront moins difficiles à mettre à fruit, et il en résultera une économie de sujets.

Tandis qu'en formant des cordons simples, les arbres se trouvent tellement rapprochés que les racines se gênent les unes les autres, le sol se trouve plus vite épuisé et les arbres durent beaucoup moins longtemps.

Pour la plantation d'un contre-espalier de cordons verticaux simples en terrain de bonne qualité on se conformera, pour le choix des sujets, à ce qui a été dit pour la même plantation en espalier.

Sur un contre-espalier double nous pourrons planter les sujets sur 2 lignes parallèles s'étendant du nord au midi; ou bien au milieu des 2 contre-espaliers, comme le prescrit le Frère Henri. On laissera entre les 2 contre-espaliers une distance de 60 à 70 centimètres, afin que l'air et la lumière puissent circuler facilement.

Contre-espalier double (Frère Henri) à 4 cordons.

Dans cette plantation les sujets sont plantés au milieu du contre-espalier et à 60 centimètres de dis-

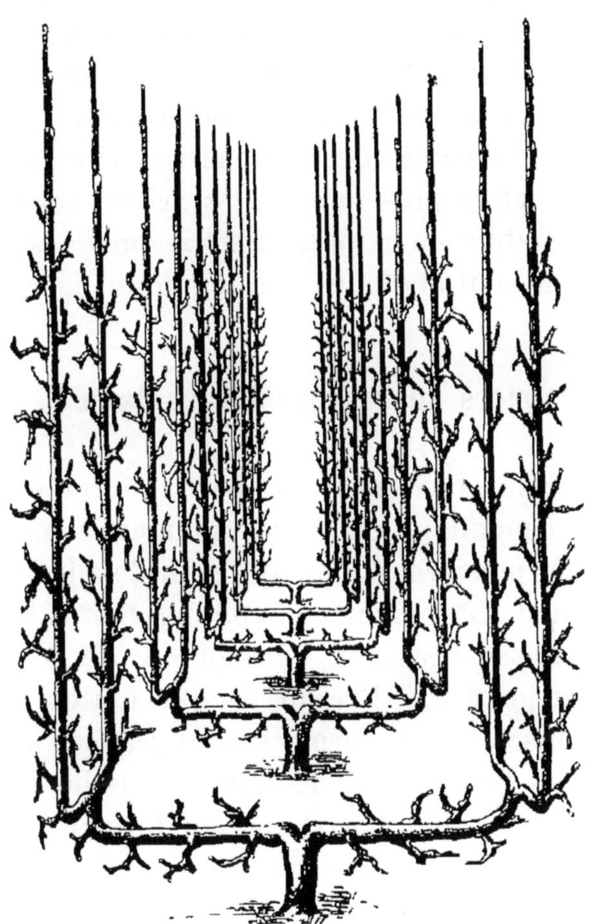

Fig. 73. — Contre-espalier double (Frère Henri).

tance les uns des autres. On rabat les sujets à 40 centimètres et on choisit, à 30 centimètres du sol, 2 bourgeons que l'on conduit à l'aide de baguettes horizontales jusqu'à la charpente du contre-espalier ;

à ce point on relève l'extrémité de chaque bourgeon dans la direction verticale et on leur fait subir une taille en vert pour faire émettre à chacun 2 nouveaux bourgeons auxquels on donnera la forme en U avec un écartement de 30 centimètres. Ce mode de plantation (fig. 73) décrit par le Frère Henri est très pratique, très ingénieusement combiné. Nous remarquons d'abord qu'avec le seul rang d'arbres planté au milieu la terre sera moins épuisée que par une plantation de 2 rangs de cordons verticaux simples ou doubles, et en plus lorsque les arbres sont complètement établis, nous possédons 2 contre-espaliers réunis en un seul et d'une solidité à toute épreuve.

Poiriers en cordons horizontaux.

Cette forme convient tout particulièrement au pommier ; cependant on peut y soumettre certaines variétés de poiriers, si l'on a le soin de choisir des variétés de faible vigueur, comme Bon Chrétien William, Passe-Crassane, Joséphine de Malines, Beurré Clairgeau, etc. Il va de soi que toutes les variétés soumises à cette forme seront greffées sur cognassier. On peut élever le poirier sous les formes suivantes : en cordon horizontal à 2 branches opposées, en cordon horizontal unilatéral, et en cordon horizontal superposé.

Ces diverses formes peuvent servir avec grand avantage à border les allées qu'elles embellissent au printemps par leurs fleurs, l'été et à l'automne par leurs fruits.

On installe d'abord la charpente, à l'aide de montants en fer ou en bois sur lesquels on place 2 ou

3 rangs de fils de fer selon le nombre d'étages que l'on veut obtenir.

Le premier cordon devra être placé à 40 centimètres au-dessus du sol; de cette manière, les fleurs au printemps reçoivent moins d'humidité du sol et sont moins assujetties à être gelées, les fruits ne sont pas aussi exposés à être couverts de terre par la pluie lorsqu'elle tombe avec force; l'on a aussi plus de facilité pour donner les binages et les ratissages. Le deuxième cordon sera placé à 30 centimètres au-dessus du premier, et si l'on en établit un troisième, il sera élevé de 30 centimètres au-dessus du second.

La distance entre chaque arbre variera de 1 mètre à 3 ou 4 mètres selon la nature du sol et selon le nombre de cordons que l'on veut établir.

Si l'on ne forme qu'un seul cordon, les sujets seront plantés à 2 ou 3 mètres et même 4 mètres les uns des autres, selon la nature du sol; si l'on en veut établir plusieurs, on les distancera seulement de 1 m. 50 à 2 mètres.

Du cordon horizontal à branches opposées.

Pour cette forme comme pour les deux suivantes, on plante à 3 ou 4 mètres de distance, avec des scions simples d'un an de greffe. Pour obtenir les 2 branches bien opposées, au printemps qui suit la première année de plantation, on supprime le tiers de la partie supérieure du sujet, on le palisse verticalement sur un tuteur fixé dans le sol jusqu'à une hauteur de 8 à 10 centimètres au-dessous du fil de fer; on le courbe ensuite très doucement sur le fil de fer, en ayant soin de choisir sur le coude et à sa partie basse en A (fig. 74) un œil bien placé pour constituer la branche opposée; de même que l'œil terminal du rameau incliné sera toujours choisi en dessous (B même figure).

En procédant à la courbure du rameau, il faudra agir avec beaucoup de précaution dans la crainte de l'éclater.

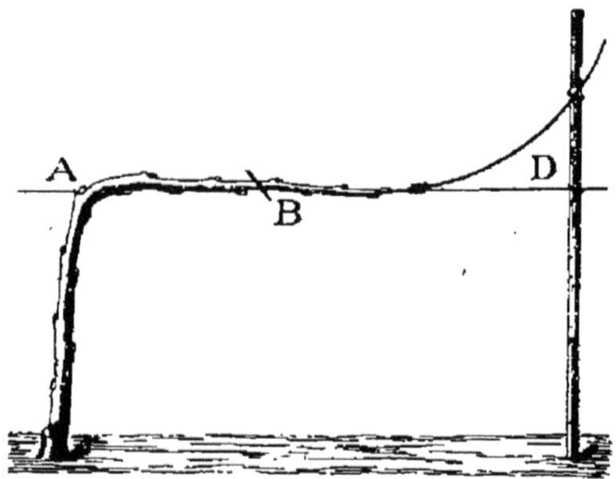

Fig. 74. — Formation du cordon horizontal à branches opposées.

Il est préférable de courber le sujet au moment où la sève est en pleine activité, par une belle et chaude journée de printemps. Un meilleur procédé pour établir cette forme c'est de rabattre le rameau à 10 centimètres au-dessus du fil de fer; puis à hauteur de celui-ci, de choisir 2 yeux latéraux bien opposés pour constituer la charpente.

Pendant le courant de la végétation, on fera suppression sur empatement des bourgeons qui se développent sur la tige entre la greffe et le fil de fer, à l'exception de 2 ou 3 que l'on pincera à la longueur de 10 à 12 centimètres. Il en sera de même de ceux qui poussent verticalement sur le dessus du rameau incliné, exception faite pour les productions fruitières naturellement; ceux qui naissent de chaque coté du rameau seront pincés à 3 bonnes feuilles.

Par ce travail la sève refoulée des bourgeons latéraux se porte vers les 2 terminaux et active leur végétation. A la longueur de 15 à 20 centimètres, on les palisse sur deux baguettes placées en demi-cercle, dont la base est attachée au fil de fer et l'extrémité, sur un tuteur enfoncé verticalement dans le sol D (fig. 74).

Ces 2 bourgeons devant former les 2 branches opposées seront palissés dans une direction plus ou moins verticale, ou tout au moins inclinée en raison de leur développement.

Chaque année ils seront palissés horizontalement et leur extrémité sera redressée verticalement pour faciliter l'ascension de la sève.

Cordon horizontal unilatéral.

La figure 75 nous représente une série de cordons horizontaux unilatéraux ou à une seule branche. La distance entre chaque sujet sera la même que pour la forme précédente.

Cette dernière forme est de beaucoup préférable à établir, attendu que, le cordon se trouvant d'un seul côté, il n'y a pas lieu de faire bifurquer la tige pour obtenir une branche de charpente opposée ; par conséquent, l'équilibre du sujet sera toujours régulier. Avec cette forme, quand les arbres se rejoignent, on peut les greffer par approche les uns sur les autres au point A (fig. 75) ; la sève, circulant dans le même sens, ne se trouve nullement contrariée.

Il peut cependant y avoir un grave inconvénient provenant de la greffe par approche ; si les arbres sont plantés dans un bon terrain, cette greffe les oblige à conserver dans toute leur longueur la posi-

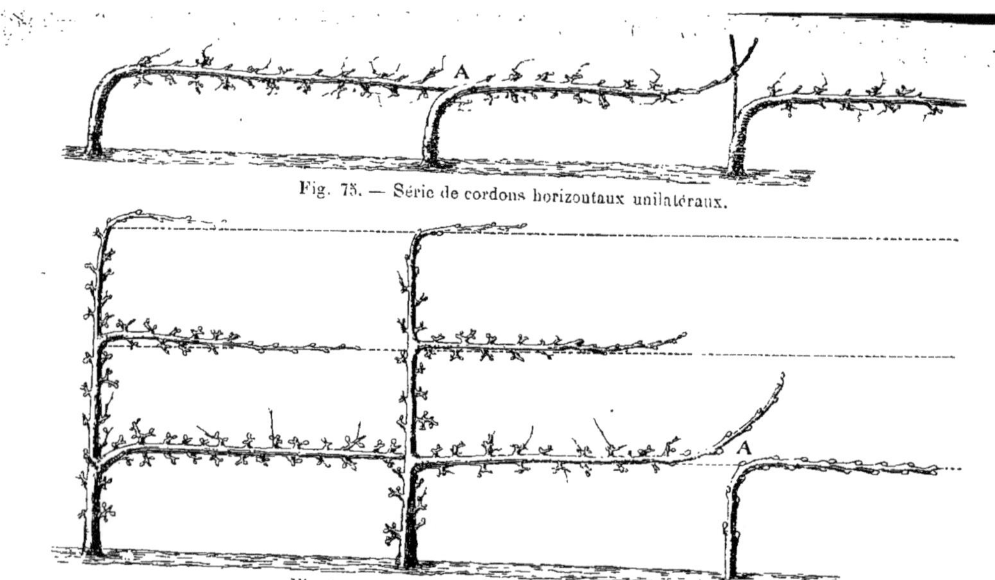

Fig. 75. — Série de cordons horizontaux unilatéraux.

Fig. 76. — Série de cordons horizontaux superposés.

tion horizontale ; la sève, ne trouvant plus sa libre circulation vers l'extrémité de chaque sujet, se trouve refoulée avec abondance sur les branches fruitières, les force à se développer en gourmands et la fructification de l'arbre se trouve gravement compromise.

Du cordon horizontal superposé.

Si l'on veut établir un cordon horizontal superposé, comme nous l'indique la figure 76, on plantera les sujets à 1 m. 50 pour deux cordons, et à 1 mètre pour 3 cordons, afin que les arbres aient toujours la même distance à parcourir.

On taille l'extrémité du sujet comme il a été dit précédemment, ensuite on l'incline sur le fil de fer en conservant au point de courbure un œil en dessus, qui formera la tige de prolongement en A (fig. 76). On veillera bien à l'équilibre de ces 2 bourgeons pendant la végétation, on modérera la pousse du bourgeon placé sur le dessus en l'inclinant pendant un certain laps de temps au besoin, et on facilitera l'inférieur en redressant son extrémité verticalement.

On ne courbera le rameau devant établir le deuxième cordon que lorsque celui de la base aura atteint une longueur d'au moins 70 centimètres. Si l'on veut établir un troisième cordon, on donnera au second les mêmes soins qu'au premier.

Il est plus avantageux de ne pas tailler les prolongements, on aura toujours beaucoup plus de fruits ; cependant il existe des variétés dont les yeux se développent difficilement à la base du rameau, et qu'il est préférable de tailler, sans quoi on serait exposé à voir une partie de charpente complètement nue, ce qui serait très désagréable à l'œil et pour la fructification.

Nous ne saurions trop recommander pour le cordon horizontal d'avoir le soin de relever l'extrémité herbacée du bourgeon et de le palisser sur un petit tuteur. En laissant les cordons placés horizontalement dans toute leur longueur, la sève, ne se trouvant pas attirée vers l'extrémité, se porte sur les branches fruitières qui se transforment en tête de saule, et la fructification se trouve gravement compromise.

Sur un sol en pente on dirigera les cordons vers la partie élevée pour faciliter la montée de la sève; sauf cette condition, on les tournera vers le midi ou le levant.

Du poirier en vase.

Le vase est une forme de fantaisie que l'on ne rencontre plus guère que dans les jardins d'amateurs, et qui tend à devenir de plus en plus rare. On lui reproche d'exiger trop de place à mesure qu'il se développe. A vrai dire, il n'en occupe pas plus qu'une pyramide, et l'air et la lumière pénètrent facilement dans l'intérieur de l'arbre ; les fruits en profitent à leur avantage et sont, de plus, fort bien abrités contre les vents.

Formation du vase à 5 branches.

Pour n'importe quel vase, on fera choix de poiriers scions d'un an ou de 2 ans de greffe au plus. Le vase à cinq branches est le plus simple à obtenir ; il convient principalement aux jardins de petite étendue; il n'a qu'un diamètre de 50 centimètres.

Pour sa régularité et sa solidité, on établit une charpente qui se compose de 2 cercles en bois ou

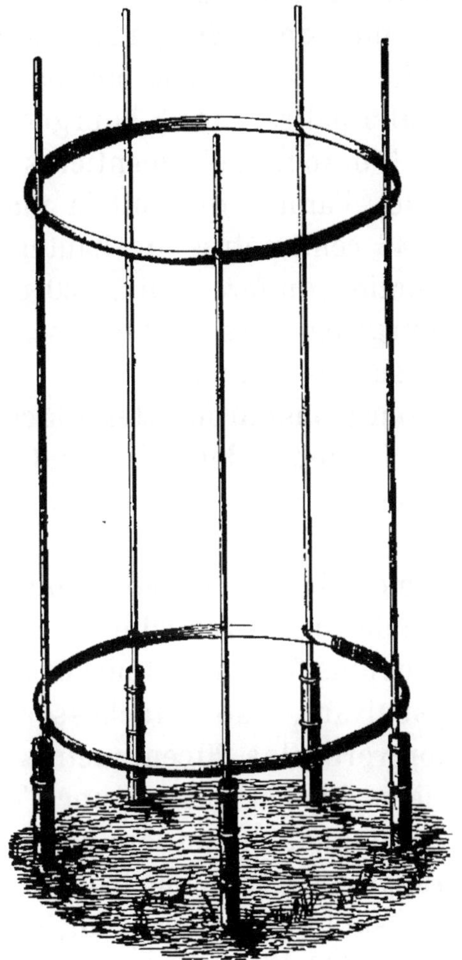

Fig. 77. — Établissement de la charpente du vase à 5 branches.

en fer de 50 centimètres de diamètre attachés sur 5 tringles en bois, lesquelles sont fixées à 30 centimètres du sol sur 5 pieux, répartis à égale distance sur la circonférence, et enfoncés en terre d'au moins 60 centimètres (fig. 77).

Le premier cercle est attaché à 30 centimètres au-dessus du sol, le second 1m. 30 au-dessus du premier. — On place ensuite, dans une direction horizontale, 5 baguettes dont la base de chacune est attachée sur le pied de l'arbre, à 30 centimètres du sol, et l'extrémité sur le cercle le plus bas.

Elles serviront à palisser les 5 bourgeons qui doivent former les 5 branches charpentières du vase.

Le sujet planté, l'année qui suit la plantation, il sera rabattu à 45 centimètres de hauteur. Au départ de la végétation, on fera choix, à 30 centimètres du sol, de 5 bourgeons qui seront palissés d'une manière très lâche sur les baguettes.

Lorsque ces bourgeons auront atteint 35 centimètres de long, on les inclinera définitivement sur les baguettes, en redressant leur extrémité dans la direction verticale.

Le développement des 5 bourgeons doit se faire régulièrement, sinon, on y remédie au moyen d'un pincement sur les plus forts sans toucher aux faibles.

Au printemps suivant, ces 5 branches seront taillées dans la direction verticale à 20 centimètres au-dessus du cercle inférieur ; si, par hasard, une d'entre elles se trouve moins longue, elle ne sera pas taillée et les autres seront rabattues à la même hauteur.

Chaque année, sauf en cas d'accident, les branches seront allongées de 40 à 45 centimètres, mais en ayant soin de pratiquer sur chacune d'elles, dans la dernière quinzaine de juin, un pincement ou une taille en vert à 30 centimètres au-dessus de la dernière taille. Cette opération a pour but de refouler la sève vers la partie basse du rameau, de fortifier les yeux latéraux inférieurs et de faciliter leur développement pour l'année suivante.

On pourra sans inconvénient laisser les branches de charpente dépasser le cercle supérieur de 50 cen-

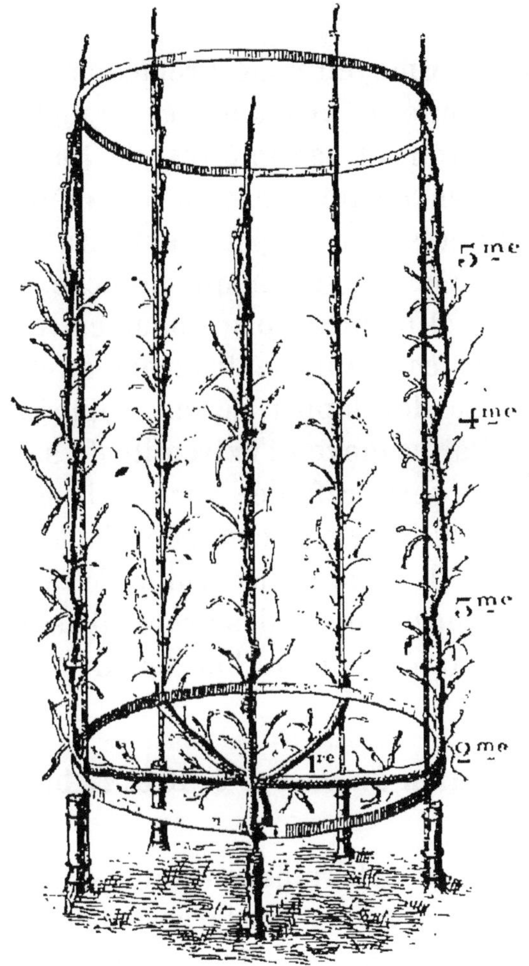

Fig. 78. — Vase à 5 branches entièrement formé.

timètres, ce qui donnera à chacune d'elles une lon-gueur de 2 m. 05.

La figure 78 nous représente un vase à 5 branches entièrement formé après la cinquième année de taille. La végétation ayant une tendance à se diriger vers la partie supérieure des branches de charpente, nous remarquons très souvent qu'à leur extrémité, les branches fruitières deviennent branches gourmandes et ne donnent pas de fruits ; celles de la base dépérissent.

Le meilleur moyen pour y remédier est de rabattre sur l'extrémité de chacune des branches charpentières environ 40 centimètres de longueur et de supprimer en même temps 15 centimètres de branches fruitières sur empatement. Au départ de la sève on fera choix, sur chaque branche, du bourgeon le plus bas et le mieux placé pour en former le prolongement ; ceux qui se trouvent au-dessus et qui voudront se développer seront supprimés avec la serpette. Par ce moyen l'extrémité du sujet se trouve rajeunie, la sève, refoulée vers la base, fortifie les branches fruitières qui commençaient à dépérir, et l'on récolte de plus beaux fruits. Cette opération ne sera pratiquée que sur des arbres d'assez bonne vigueur et plantés dans un bon terrain.

Formation du vase à 8, 10 et 12 branches.

Ces formes sont les plus courantes, elles conviennent beaucoup mieux pour les larges plates-bandes. On donnera à ces vases un diamètre qui augmentera en raison de la plus grande quantité de branches de charpente.

Ce diamètre sera de 80 centimètres pour un vase à 8 branches, de 1 mètre pour un vase à 10 branches, de 1 m. 20 pour un vase à 12 branches.

La charpente se compose pour chaque vase de 2 cercles en bois ou en fer, et de tringles en bois, d'un nombre égal à celui des branches de charpente que l'on veut obtenir. Elle sera établie de la même manière que pour la forme précédente.

Pour chaque vase, le premier cercle sera toujours attaché sur les tringles à 30 centimètres au-dessus du sol, le second à une hauteur qui variera d'après la grandeur du vase. Ainsi par exemple pour un vase de 8 branches, le second cercle sera attaché à 1 m. 20 au-dessus du premier, pour un vase à 10 branches à 1 m. 10 et pour un à douze branches, à 1 mètre.

On placera ensuite sur une direction horizontale des baguettes attachées, d'une part sur la tige et de l'autre sur le cercle de la base ; ces baguettes sont destinées à palisser les bourgeons devant former les branches de charpente.

Ceci fait, comme précédemment, on taille le sujet à 45 centimètres pour obtenir, à 30 centimètres du sol, les bourgeons nécessaires à la formation du vase.

Comme l'on fait bifurquer chaque branche à une distance de 20 à 30 centimètres de la tige (fig. 79). on fera choix de 4 bourgeons pour un vase à 8 branches, de 5 pour un vase à 10 branches et de 6 pour un vase à 12 branches.

Pour les faire bifurquer, lorsqu'ils auront atteint une longueur de 30 à 45 centimètres, on pratiquera sur chacun d'eux soit un pincement, soit une taille en vert à 20 ou 30 centimètres de la tige selon le diamètre du vase que l'on veut obtenir. Tous ces bourgeons obtenus, par suite de la taille pratiquée aux points A (fig. 79), seront palissés avec beaucoup d'aisance sur des baguettes B, attachées d'une part au point de bifurcation et de l'autre sur le cercle de la base en face de chaque tringle.

Pendant l'été, on surveillera avec grande attention le développement de tous ces bourgeons, et, s'il y a lieu, on rétablira l'équilibre entre eux, soit en palissant momentanément et sévèrement un bourgeon trop vigoureux et en laissant en liberté, ou en redressant l'extrémité de celui qui est faible, ou bien en-

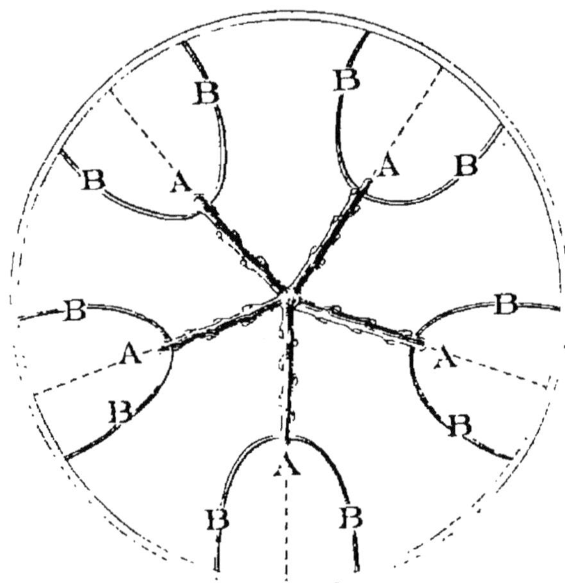

Fig. 79. — Formation du vase à 10 branches. Obtention des branches de charpente. Vue de plan.

core à l'aide d'un pincement sur le plus vigoureux. C'est le seul moyen d'arriver à équilibrer la sève et d'avoir, à la fin de la saison, des branches de charpente à peu près d'égale force.

Au printemps suivant, si les branches dépassent le cercle de la base, chacune d'elles sera taillée dans la direction verticale, à 5 centimètres au-dessus du cercle inférieur et sur un œil de côté ou en avant autant que possible.

Chaque année, les prolongements des branches de charpente seront allongés de 35 à 40 centimètres sauf en cas d'accident, alors elles seraient rapprochées à la même hauteur que la plus faible. Nous remarquons sur une branche charpentière allongée trop rapidement, que les yeux latéraux mal conformés ne se sont pas développés et ont laissé de grands vides, ce qui est très deffectueux dans l'ensemble du sujet. Ces inconvénients seront évités par une taille faite en raison de la vigueur du sujet.

Comme dans la forme précédente, on laissera dépasser les branches de charpente de 50 centimètres au-dessus du cercle de la partie supérieure.

Il existe une autre manière de former un vase à 12 branches: c'est de ne prendre au départ de la végétation que 3 bourgeons au lieu de 6 ; pour la mettre en pratique on se reportera aux explications données pour la formation du vase à 16 branches.

Formation du vase à 16 branches.

Pour la formation du vase à 16 branches, il est nécessaire de prendre des variétés vigoureuses telles que : Triomphe de Jodoigne, Beurré d'Amanlis, Louise bonne d'Avranches, Madame Bonnefond, Fondante Thirriot etc. En donnant à ce vase un diamètre de 1 m. 40 les branches de charpente seront distancées de 28 centimètres les unes des autres.

On fait choix d'un beau scion simple greffé sur franc, que l'on rabat à 45 centimètres de hauteur; l'on établit ensuite la charpente, qui se compose de 2 cercles en bois ou en fer et de 16 tringles réparties à égale distance sur la circonférence.

On placera ensuite, comme pour les autres formes, 4 baguettes destinées à palisser les bourgeons qui deviendront branches de charpente.

Les bourgeons ayant une longueur de 45 à 50 centimètres, on pratiquera sur eux une taille en vert ou un pincement à une distance de 25 centimètres de la tige en A (fig. 80). On obtiendra ainsi 8 bour-

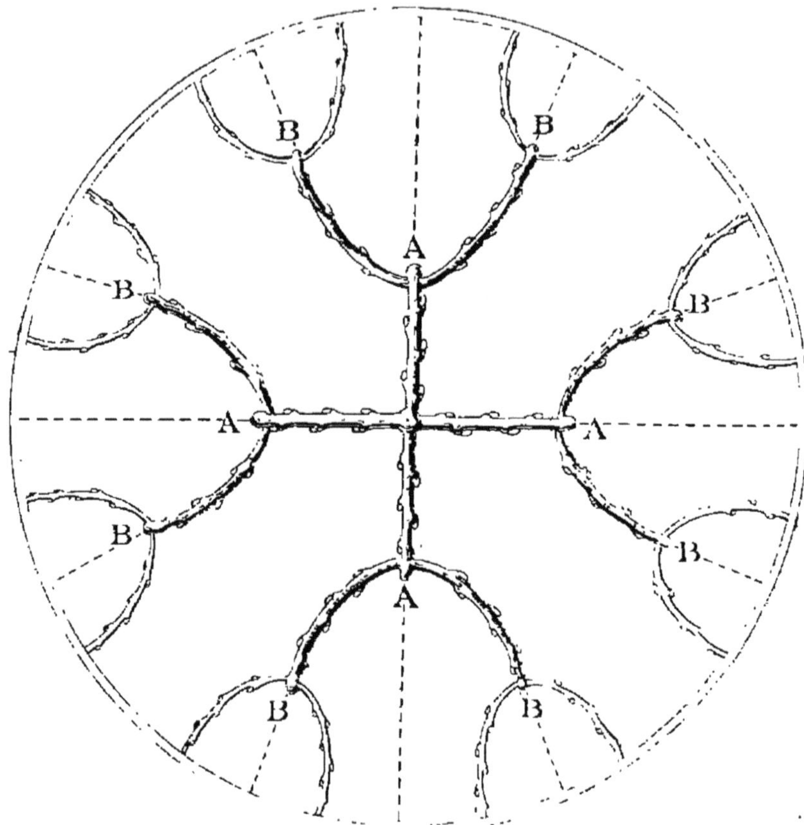

Fig. 80. — Formation du vase à 16 branches. Obtention des branches de charpente. Vue de plan.

geons que l'on laissera développer avec beaucoup de liberté en surveillant l'équilibre de la sève.

L'année suivante, à la taille en sec, ces 8 rameaux seront taillés sur 2 yeux de côté, l'un à droite, l'autre à gauche à 30 centimètres de la première bifurcation aux points B même figure ; à l'aide de cette taille nous obtiendrons 16 bourgeons. A la longueur de 20 centimètres ces bourgeons seront palissés dans la direction horizontale et leur extrémité sera relevée verti-

calement sur les tringles destinées à les recevoir. Il
va sans dire que la distance entre chaque bourgeon

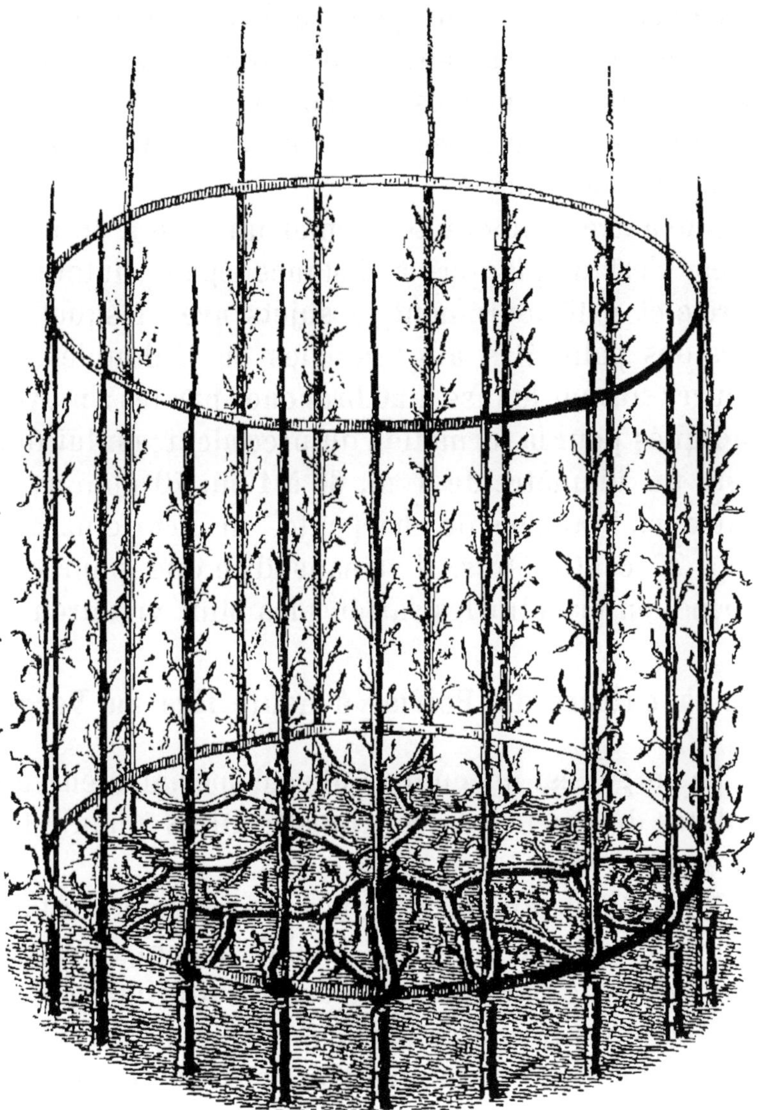

Fig. 84. — Vase à 16 branches entièrement formé.

dans la direction horizontale sera la même que dans
la ligne verticale, sauf aux points de bifurcation.

A la troisième taille, tous ces rameaux ayant atteint

une longueur d'au moins 20 centimètres au-dessus du cercle de la base, seront taillés, sur un œil de côté ou en avant, à 5 centimètres au-dessus de ce cercle.

Le vase étant formé, pour sa direction annuelle et pour les tailles suivantes, on suivra les principes donnés pour les formes précédentes.

La figure 81 nous représente un vase à 16 branches complètement formé.

Une autre manière de former un vase à 16 branches, c'est de planter, à distance égale, autour du cercle et extérieurement, 4 sujets avec lesquels on fera des palmettes à 4 branches ou U doubles. On pourra former le vase à 20 branches par les 2 moyens indiqués pour la formation du précédent ; on lui donnera un diamètre de 1 m. 60 à 1 m. 70 pour avoir, entre les branches de charpente, un écartement de 25 à 27 centimètres. Il va sans dire que, pour cette forme, on prendra les variétés les plus vigoureuses.

De la culture du Poirier à haute tige au Verger.

Le verger est un endroit affecté spécialement à la culture du poirier et des arbres fruitiers à haute tige et en plein vent.

Nous allons donner quelques explications sur l'emplacement du terrain et sur l'établissement du verger, mais nous ne parlerons que de la culture du poirier au plein vent, en citant les meilleures variétés de poires (fruits de table) que l'on peut y cultiver.

Pour établir le verger, on fera choix d'un terrain en bonne exposition et abrité des vents du nord et du nord-est.

Les meilleurs emplacements sont une pente douce au midi ou à l'est, au pied d'une colline, dans une plaine abritée naturellement ou artificiellement par des conifères. On évitera les parties marécageuses, humides, ainsi que le voisinage des cours d'eau trop exposés aux gelées printanières et à l'influence des brouillards.

Nous ne reviendrons pas ici sur la nature des sols qui conviennent le mieux au poirier.

Pendant un bon nombre d'années, avant que les arbres du verger n'aient pris une grande extension, l'on pourra utiliser avec avantage le terrain en y cultivant des légumes ou en y semant des céréales telles que : blé, avoine, orge, etc. Sur chaque ligne, entre chaque sujet à haute tige, on pourrait même y planter des poiriers forme fuseau qui disparaîtraient au bout d'une quinzaine d'années.

Si le verger est établi dans une prairie, voire même un pâturage, on cultivera chaque année le pied des arbres en donnant au printemps un labour avec une fourche à 4 dents et 2 ou 3 binages pendant le courant de la saison.

La surface labourée au pied de chaque arbre s'étendra sur un diamètre de 2 mètres. Tous les 2 ou 3 ans en donnant ce labour on pourra y enterrer une couche de fumier consommé de 10 cent. d'épaisseur.

Par ce travail la terre qui est autour de l'arbre ne sera pas épuisée par la croissance et le développement des mauvaises herbes ; elle sera toujours meuble et fraîche et les racines pourront y puiser les matières organiques nécessaires à la vie du sujet.

Plantations du poirier au Verger.

Dans un terrain de moyenne vigueur, il sera nécessaire de faire des trous de 2 mètres de côté sur

1 m. 20 de profondeur et d'y apporter des terres meilleures pour faciliter le départ des nouvelles racines et assurer le développement du sujet. Ces trous devront être creusés et remplis au moins 3 ou 4 mois à l'avance, de manière que le tassement du sol puisse se faire avant la plantation.

Dans un terrain sablonneux, il est préférable de planter les arbres pendant les mois de novembre et décembre ; dans un terrain humide et argileux, cette plantation devra se faire aux mois de février-mars.

Nos poiriers seront plantés en ligne et en quinconce, éloignés les uns des autres ; de cette façon l'air et la lumière circulent de toute part. On a malheureusement trop souvent le défaut de planter trop rapproché, il en résulte que les branches se touchent d'un arbre à l'autre, toutes les parties en contact restent improductives et les fruits sont moins nombreux et moins beaux ; les parties élevées seules, nous donnent une récolte satisfaisante.

La distance à observer dépend de la nature du sol et de celle de l'arbre. Pour le poirier cette distance sera de 10 à 12 mètres en tous sens. Si nous plantons en bordure d'un champ, le long d'un chemin ou d'une avenue, nous les distancerons de 8 à 10 mètres les uns des autres ; ils recevront l'air de tous côtés et végéteront beaucoup mieux qu'au verger.

Choix des Poiriers.

On choisira des essences vigoureuses et autant que possible à rameaux droits. Les sujets greffés rez-terre et sur franc seront toujours préférables pour la vigueur de l'arbre, ils prendront un plus grand accroissement et vivront plus longtemps, leurs racines pivotantes leur permettront de résister beaucoup mieux aux bourrasques et aux grands vents.

Les variétés à petit bois ou de vigueur moyenne sont souvent regreffées en tête sur des variétés intermédiaires, telles que : Jaminette, Bergamote Sageret, etc., c'est-à-dire sur des variétés poussant bien droit et vigoureuses.

Ces arbres seront formés en pépinière; on choisira des tiges de 10 à 15 centimètres de circonférence, droites, à écorces lisses et claires, les premières branches prendront naissance à la hauteur de 2 mètres à 2 m. 25 du sol (distance nécessaire pour ne pas gêner la circulation et pour préserver ces arbres des atteintes des animaux). La préservation de la tige se fera, soit au moyen de branches d'épines, soit à l'aide de corsets en bois ou en fer.

A l'habillage on coupera le 1/3 de la partie supérieure des rameaux qui doivent plus tard former la tête de l'arbre.

Manière de planter.

En plantant, l'on tiendra compte du tassement du sol, qui est d'environ 12 à 15 centimètres par mètre de profondeur.

Les grosses racines prenant naissance près du collet seront recouvertes de 10 à 12 centimètres de terre.

Manière de protéger l'arbre.

Aussitôt l'arbre mis en place, avant de recouvrir ses racines de terre on lui donnera un tuteur pour le maintenir droit et l'empêcher d'être ébranlé par le vent, ce qui nuirait beaucoup à sa reprise.

Ce tuteur sera placé à 15 centimètres du pied de l'arbre, enfoncé en terre de 60 à 70 centimètres entre les racines et un peu en arc-boutant, on laissera dépasser son extrémité de 10 centimètres dans la tête du sujet.

On recouvre ensuite les racines de terre fine, sans jamais la fouler avec les pieds, ce qui est une très mauvaise chose dans un sol compact et humide. La plantation étant terminée, on fixera le tuteur au sujet. Pour éviter d'écorcher l'arbre, on placera autour et à l'endroit où sera faite la ligature, un tampon de paille ou de mousse. On fera cette ligature avec de l'osier ou du fil de fer.

Si l'arbre est fort, pour plus de solidité on lui donnera 3 tuteurs qui seront placés en triangle et reliés ensemble à leur extrémité.

Si la plantation est faite tardivement, on arrosera les arbres en les plantant, ce qui facilitera l'adhérence de la terre sur les racines et empêchera l'air d'y pénétrer.

Formation et taille du poirier haute tige.

Nous pouvons former le poirier en haute tige de deux manières, soit en forme ronde, soit en pyramide ; cette dernière est de beaucoup préférable, surtout si le poirier est planté le long des routes.

L'arbre ne sera toujours taillé que la seconde année de plantation. Pour l'établir en forme ronde, à la première taille, on fera choix, de 2 m. 25 à 2 m. 50 au-dessus du sol, de 4 branches bien opposées ou tout au moins les mieux placées pour obtenir 8 bourgeons.

Ces branches seront taillées à 25 centimètres de la tige sur 2 yeux de côté, comme l'indique la figure 82; les autres branches seront supprimées.

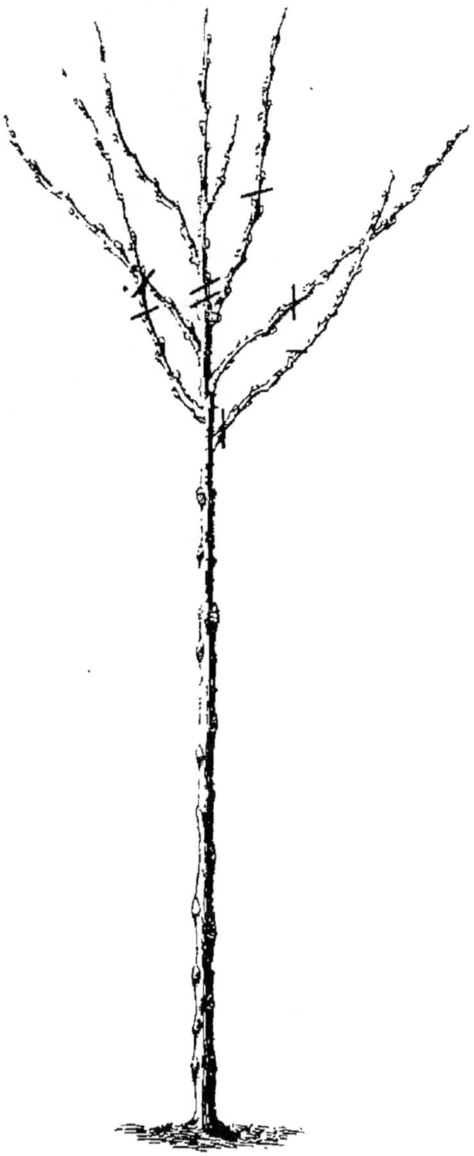

La seconde année, l'on se trouvera en présence de 8 branches, qui seront taillées chacune à 30 ou 40 centimètres de leur point de naissance, comme l'indique la figure 83. Chacune de ces branches nous donnera deux bourgeons : de cette manière, à la fin de l'année, notre arbre aura 16 branches, comme l'indique la figure 84. Il sera formé et n'aura plus besoin d'être taillé.

D'après les règles que nous venons de donner, par la suite l'on n'aura qu'à veiller à l'équilibre de la sève entre toutes les branches.

Fig. 82. — Formation du poirier à haute tige en forme ronde. 1re taille.

Si quelquefois une d'entre elles vient à pousser trop vigoureusement, au point de perdre la forme de l'arbre, on arrêterait son développement soit à

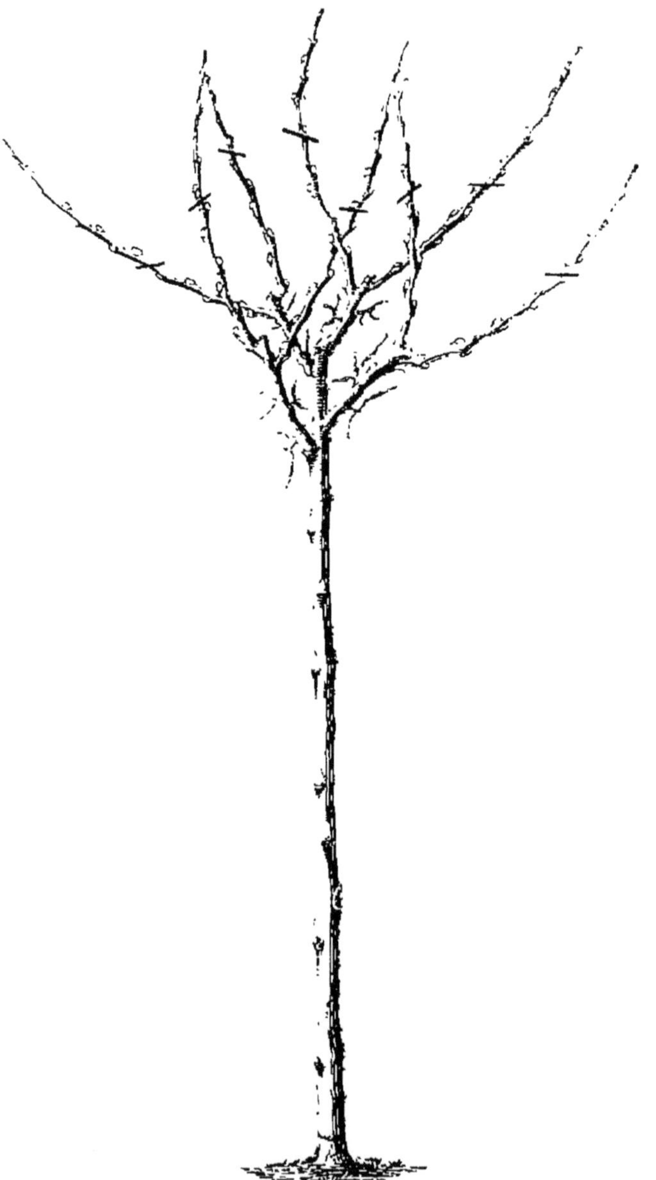

Fig. 83. — Formation du Poirier à haute tige en forme ronde;
2ᵉ taille.

l'aide d'un pincement ou plutôt d'une taille en vert
pratiquée pendant le courant de la végétation.

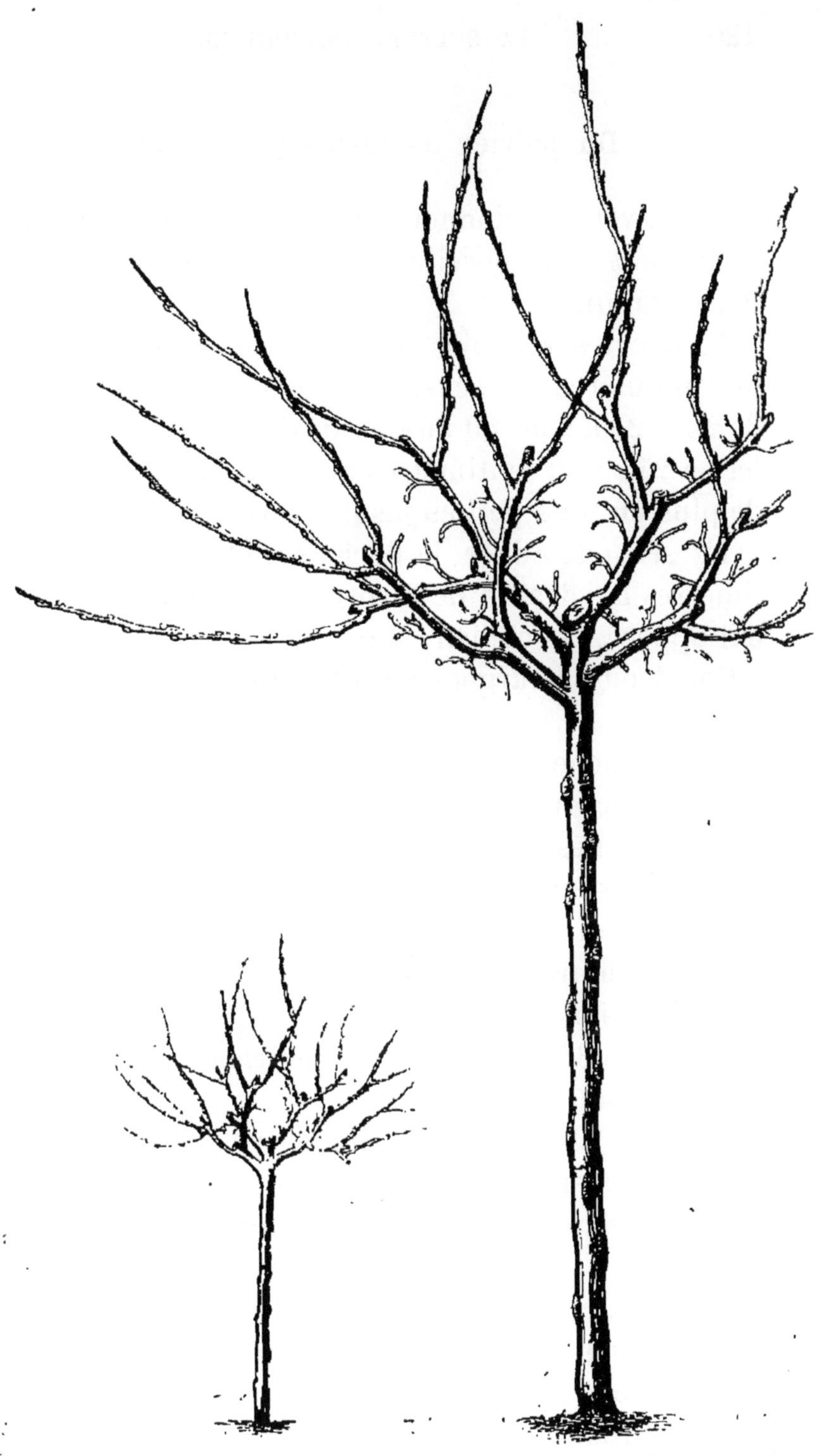

Fig. 84. — Poirier à haute tige entièrement formé.

Du poirier en forme pyramide.

S l'on veut lui donner la forme pyramide, on choisit autant que possible des sujets possédant une flèche ramifiée.

La flèche sera taillée à 60 centimètres au-dessus des premières branches latérales, qui seront prises de 2 m. 25 à 2 m. 50 au-dessus du sol et seront taillées à 25 ou 30 centimètres de longueur et les autres de plus en plus petites jusque vers le haut

La seconde année, la flèche sera taillée à 60 centimètres au-dessus de la première taille et sur un œil opposé. On choisira dans le courant de la végétation 4 ou 5 bourgeons qui formeront la deuxième série.

Les branches latérales de la première série seront un peu raccourcies pour éviter qu'elles ne s'emportent démesurément par rapport à la flèche.

Les troisième, quatrième, cinquième et sixième tailles seront faites de la même manière. Au bout de ce temps, notre poirier se trouvera formé et abandonné à lui-même.

La figure 85 représente un poirier haute tige en forme pyramide.

Tous les 4 ou 5 ans nous élaguerons dans l'intérieur de nos poiriers, pour y laisser pénétrer la lumière, en supprimant les branches qui forment confusion, se croisent, dépérissent et finissent par mourir. A l'aide de ce moyen, la sève qui était absorbée par ces branches inutiles nous fournira du jeune bois, nous verrons nos arbres reprendre une nouvelle vigueur et redevenir plus productifs.

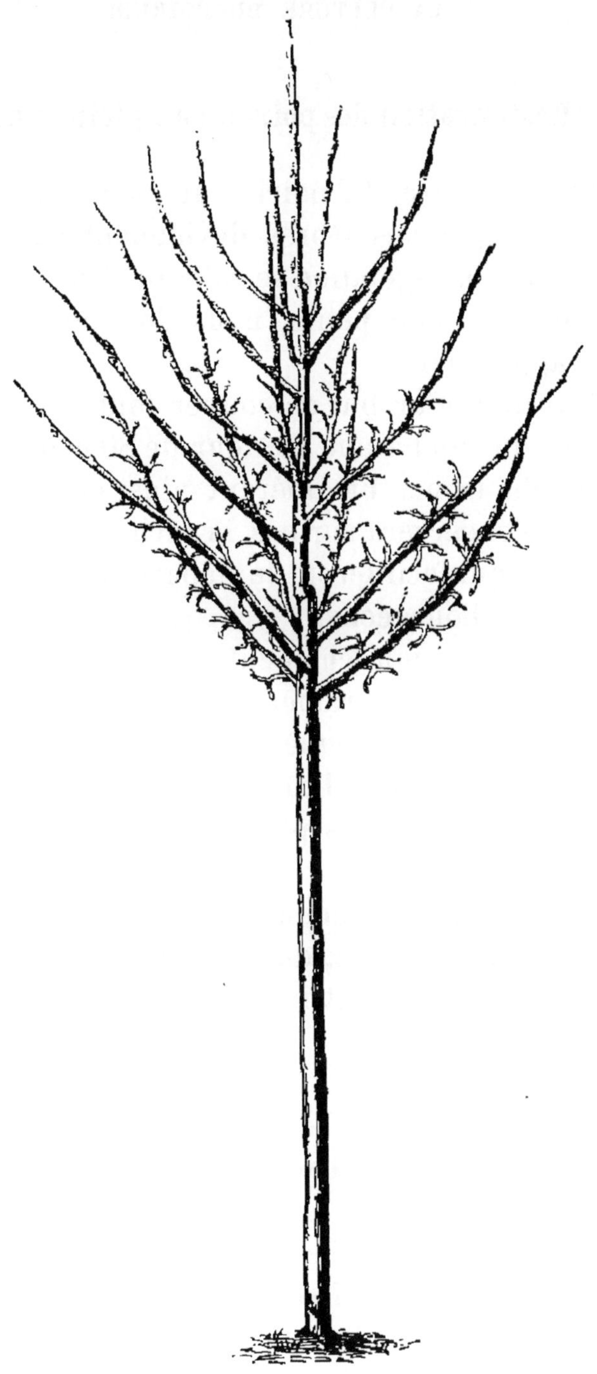

Fig. 85. — Poirier à haute tige en forme pyramide.

Restauration des poiriers au plein vent.

Dans la culture du poirier au plein vent ou au verger, lorsque nos arbres deviennent âgés et que nous voyons la végétation se ralentir, les fruits devenir de plus en plus petits, nous donnons le conseil de les rapprocher.

Ce travail a pour but de couper toutes les grosses branches du sujet à une hauteur de 80 centimètres à 1 mètre du tronc. En opérant ainsi ce rapprochement, on conservera sur ces branches de petits appelle-sève qui faciliteront le départ d'une quantité de nouveaux bourgeons.

L'année du rapprochement on laissera se développer un nombre de rameaux plus que suffisant.

L'année suivante on enlèvera tous les appelle-sève, on choisira sur chaque branche de notre arbre rapproché les rameaux les plus forts et les mieux placés pour reconstituer la charpente.

On fera en même temps suppression des autres rameaux jugés inutiles, dans la crainte de les voir absorber la sève au détriment de ceux qui ont été conservés.

Tous les 2 ou 3 ans, à mesure que la nouvelle charpente prendra de l'extension, on enlèvera les branches qui forment confusion dans l'intérieur de l'arbre.

En faisant le rapprochement, il est utile d'enlever les mousses qui envahissent le sujet, ainsi que les vieilles écorces, à l'aide d'un gratte-mousse.

Toutes les plaies faites à la suite du rapprochement seront parées à la serpe et recouvertes aussitôt de mastic à greffer.

Par ce rapprochement, on arrive en quelques années à avoir des poiriers possédant une charpente nouvelle, d'un aspect superbe, aussi bien par leur végétation que par leur forme, et nous donnant de beaux fruits.

Si notre verger est établi dans une forte pente ou dans un terrain ne nous donnant qu'une faible végétation, nous choisirons de préférence des poiriers demi-tige. Avec cette forme le développement à donner aux arbres étant beaucoup moindre, il se trouvera plus en rapport avec la nature du sol; d'un autre côté, dans un terrain en pente, les arbres étant moins élevés, la récolte se fera plus facilement.

Nous donnerons plus loin et par ordre de maturité le choix des meilleures variétés de poiriers à cultiver en haute tige; et qui comprendra : 1° les variétés pour fruits de table; 2° les variétés à cidre; 3° les variétés locales.

De la culture du Poirier à cidre sur les routes ou en bordure des champs.

Le 27 février 1894 nous avons été appelé à faire une conférence au personnel des ponts et chaussées sur la plantation, la direction, le choix des variétés des arbres fruitiers à cidre (poiriers et pommiers) plantés ou à planter sur les avenues ou sur les routes du département de Seine-et-Marne.

Cette conférence a eu lieu au pied même des arbres plantés, il y a quelques années, sur la route de Chevry-Cossigny.

Elle était présidée par M. Mancel, ingénieur en chef, accompagné d'ingénieurs et d'un grand nombre de conducteurs et d'agents voyers du département.

M. Camille Bernardin, conseiller général et président de la commission voyère du canton, assistait aussi à cette conférence.

Nous en donnerons ici le résumé publié par le *Nouvelliste de Seine-et-Marne* le 4 mars 1894.

Les plantations de poiriers et pommiers à cidre tendent à prendre de plus en plus d'extension, et on se préoccupe avec raison de la qualité des variétés plantées en vue de produire du cidre.

Les routes offrent un terrain tout disposé aux plantations fruitières; l'air, la lumière ne manqueront pas.

Les arbres seront plantés près des fossés, sur les bas côtés de la route ou près de la lisière des champs riverains.

Ces arbres auront l'avantage de ne pas détruire les cultures avoisinantes, comme le peuplier, le frêne, l'orme, l'érable, etc. L'on constate sur les propriétés riveraines des routes plantées avec ces essences; les dégâts causés par les racines et l'ombrage de ces arbres d'ornement.

Ces plantations offrent aussi cet avantage de fournir moins d'insectes que la culture des essences forestières et ornementales.

Quant à la surveillance de ces arbres fruitiers, les cantonniers en sont les gardiens tout désignés. D'un autre côté, en choisissant pour ces plantations des fruits amers, très bons pour faire du cidre, un voyageur, s'il y goûte, sera peu disposé à en manger de nouveau, les moutons et les bestiaux n'y toucheront pas non plus.

Lorsque le public aura l'habitude de ces arbres fruitiers et quand les fruits joncheront les bas côtés des routes, on n'y touchera pas plus qu'aux raisins des vignes plantées sur le bord des chemins.

Dans certaines régions où il n'y a pas de vignoble et où l'on ne récolte que peu de fruits, cette culture sera un bien-être pour les habitants de ces endroits, qui seront chaque année dans l'attente d'une récolte future dans leur contrée.

Certains de nos départements de l'Est nous offrent l'exemple de routes fruitières; la vente des fruits peut se faire par lots, l'acheteur peut faire surveiller son lot lui-même.

L'administration des Ponts et Chaussées y trouverait un bénéfice annuel, pas comparable au produit de la vente des tontes et élagages des plantations forestières.

Les poiriers sont aussi très résistants aux gelées les plus rigoureuses; il est facile de remarquer qu'ils n'ont presque pas souffert de nos derniers grands hivers.

En outre, si l'on est obligé de remplacer les arbres forestiers, tous les 30 ans environ, il n'en sera pas de même pour les poiriers, dont la longévité est très grande, puisqu'ils deviennent souvent centenaires. Les plantations fruitières seraient donc moins dispendieuses que les plantations d'ornement.

Pour tout ce qui concerne la plantation et la formation des poiriers sur les avenues, le long des routes et en bordure des champs, on se conformera aux principes donnés à ce sujet pour sa culture à haute tige au verger.

Comme pour le poirier au verger, tous les 2 ou 3 ans et pendant une douzaine d'années seulement, on coupera l'extrémité des branches qui auraient tendance à s'allonger horizontalement sur la route, ce qui gênerait la circulation des voitures. La coupe de ces branches se fera avant qu'elles ne soient fortes et à la jonction d'une branche ayant une direction verticale.

De plus, pour éviter cet inconvénient, on fera le choix de variétés de poiriers à cidre à rameaux droits tels que : Cirole (Cochet), Cirole à battant, Carisi, Gros vert, Laurier.

Nous avons aussi le Besi d'Antenaize ; cette dernière variété à bois érigé fait de très beaux arbres, mais le corps ne grossit pas assez; d'un autre côté son fruit, mûrissant de très bonne heure, ne donne qu'un cidre de médiocre qualité.

Les poiriers seront toujours greffés rez terre.

Nous devons aussi attacher une grande importance pour la récolte des fruits au verger et sur les routes.

On cueillera à la main autant que possible les fruits de table. Ceux qui se trouvent aux extrémités et que l'on ne peut avoir seront secoués, il en sera de même pour les fruits à cidre tendres, ainsi que pour les fruits tardifs.

On ne se servira de la gaule que pour faire tomber ceux qui sont rebelles aux dernières secousses ; encore ne faudra-t-il l'employer qu'avec beaucoup de ménagement pour ne pas meurtrir les fruits et éviter de faire tomber les productions fruitières, ce qui compromettrait les récoltes futures.

DE LA GREFFE DU POIRIER

Le poirier se greffe sur franc ou aigrin, sur cognassier et sur le Cratægus oxyacantha (aubépine).

Le poirier greffé sur franc pousse plus vigoureusement, dure plus longtemps que s'il est greffé sur cognassier ou sur aubépine ; mais il donne des fruits plus petits et d'une qualité beaucoup moindre. On emploie le franc pour les poiriers à haute tige et dans les terrains desséchants et de moindre qualité. Le poirier franc ou sauvageon, au bout de 2 ans de semis, sera planté en pépinière à distance voulue et écussonné l'année même de la plantation, s'il est assez fort.

Dans la crainte de voir la sève s'arrêter, il sera toujours écussonné de très bonne heure. On prendra pour la formation du poirier à haute tige, des variétés vigoureuses que l'on greffera de préférence rez terre. Seuls les sauvageons forts, droits et de bonne végétation, pourront être greffés en tête à la hauteur des branches.

Lorsqu'il s'agira d'élever à haute tige des variétés délicates ou de moyenne vigueur, on pratiquera le greffage en pied, en ayant recours, pour former la tige, à des variétés intermédiaires telles que : Curé, Beurré Hardy, Jaminette, Conseiller de la cour, etc. ; cette tige ne sera greffée en tête que lorsqu'elle sera assez forte pour supporter l'écusson ou la greffe en fente.

Le poirier greffé sur cognassier pousse moins vigoureusement, fructifie beaucoup plus vite, donne des fruits plus beaux et de meilleure qualité.

Dans les terrains frais ayant une épaisseur de 0,70 de bonne terre, avec un bon sous-sol, on plantera de préférence le poirier greffé sur cognassier, il donnera toujours de meilleurs résultats.

On élève ordinairement le Cognassier en buisson ; il se multiplie par bouture et par marcotte en cepée. Les pépiniéristes ont adopté divers types qui sont le Cog. d'Angers et le Cog. de Fontenay. Ce dernier se multiplie le plus souvent par le marcottage en cepée, tandis que le Cog. d'Angers se bouture parfaitement.

La greffe du poirier sur cognassier se fait pendant le courant du mois d'août. On choisit de préférence des jeunes sujets et on les écussonne près du sol : sur de vieux sujets, l'écusson de poirier se soude beaucoup plus difficilement. Beaucoup de variétés de poiriers telles que : Beurré Clairgeau, Doyenné de Juillet, Souvenir du Congrès, de l'Assomption, le Prince Napoléon, etc., vivent mal avec le cognassier. Pour les obtenir on greffera sur le cognassier des variétés intermédiaires vigoureuses telles que : Curé, Beurré d'Amanlis, Beurré Hardy etc., et l'année suivante, les variétés délicates seront surgreffées sur l'intermédiaire. Par ce procédé, les arbres auront plus de vigueur et nous donneront de plus beaux fruits.

Le poirier greffé sur aubépine fructifie très promptement, mais pousse peu et s'épuise très vite.

Dans le midi de la France on voit quelques poiriers greffés sur aubépine, mais l'on n'en rencontre que très rarement dans les environs de Paris.

Du greffage, de son utilité et des conditions pouvant assurer sa reprise.

Le greffage est une opération qui consiste à prendre, soit un œil, soit une portion de rameau ou un rameau dans son entier, et à le placer sur un autre végétal, qui lui fournira les aliments nécessaires à son développement.

On donne le nom de greffe ou greffon à l'œil ou à la portion de bois détachée que l'on place sur le sujet à greffer.

On donne le nom de sujet ou sauvageon, à l'arbre qui doit recevoir la greffe.

Il faut toujours une certaine analogie entre le sujet et la greffe. Pour assurer la reprise et qu'elle soit durable, il est de toute nécessité que les genres qui peuvent être rapprochés par la greffe appartiennent à la même famille, qu'ils soient de même vigueur, de même époque d'entrée en végétation ; s'il y a désaccord, il est préférable que le greffon soit plus tardif. Dans le cas contraire, il dépérirait très vite.

La greffe offre le moyen de conserver et de multiplier un grand nombre d'espèces et de variétés de poiriers rares et utiles, en plaçant sur des sujets plus vigoureux et moins précieux, certaines espèces que l'on ne pourrait reproduire par la multiplication. Elle procure encore d'autres avantages, elle augmente la qualité des fruits, hâte leur maturité et dispose beaucoup plus promptement les arbres à la fructification.

Pour la fructification, en choisissant un greffon d'une espèce plus vigoureuse que le sujet, il se mettra plus vite à fruit ; comme exemple, nous pouvons citer le poirier greffé sur cognassier.

Si sur un sujet faible, nous plaçons un greffon d'une espèce délicate, nous n'aurons jamais qu'un arbre chétif.

Si, au contraire, l'on prend un sujet vigoureux pour y greffer une variété délicate, elle sera dans l'impossibilité d'absorber la sève du sujet, l'équilibre s'en trouvera complètement rompu.

Ces irrégularités dans la végétation peuvent être modifiées au moyen du surgreffage, mais de toute manière, le sujet devra toujours être assez fort pour recevoir la greffe.

Dans n'importe quelle sorte de greffage, il est indispensable que le sujet et le greffon soient mis en contact par le liber et par l'aubier: c'est le seul moyen d'assurer la reprise de la greffe, de même qu'en agissant avec beaucoup de promptitude, on évitera que l'air ne vienne dessécher les plaies produites par l'action du greffage.

Les époques les plus favorables pour le greffage, sont : le printemps à la montée de la sève, le courant de l'été et l'automne avant qu'elle ne s'arrête.

Des instruments nécessaires à la greffe.

Les instruments nécessaires au greffage sont :

Le sécateur dont on se sert pour étêter le sujet et pour couper le greffon;

La scie à main ou égohine pour couper soit la tige ou la tête du sujet que l'on ne peut couper au sécateur, ainsi que les grosses branches;

La serpette, pour rafraîchir les plaies qui ont été faites par le sécateur et la scie à main, de cette façon la plaie se recouvrira bien plus facilement ;

Le greffoir pour pratiquer les incisions et les

entailles, pour couper les greffes et les tailler, pour soulever les écussons. *La spatule en os ou en ivoire* sert à détacher et à soulever les écorces.

Le couteau et le ciseau à greffer sont aussi de toute utilité dans la greffe en fente comme on le verra plus loin.

Des ligatures.

La meilleure ligature à employer pour consolider les greffes est sans contredit la *laine filée*, elle est élastique et se prête facilement au grossissement de l'arbre, elle empêche par le fait tout étranglement de se produire. Le *coton filé* est aussi très bon, mais il n'a pas l'élasticité de la laine.

A défaut de laine ou de coton, on peut employer la *spargaine rameuse*, le *raphia*, le *liber de tilleul*, *d'orme*, *de saule*, *d'acacia*, etc., la *ficelle*, le *phormium*, même l'*osier;* mais ces derniers éléments ne se prêtent pas au développement du sujet, et, si l'on n'y veille, formeront étranglement et empêcheront la croissance du greffon.

Pour assurer la reprise du greffon sur le sujet, il est nécessaire, aussitôt la greffe ligaturée, de l'engluer, ce travail consiste à recouvrir la plaie, les fentes et l'extrémité du greffon, avec un mastic quelconque.

A cet effet, les meilleurs mastics préparés à froid sont les mastics Lhomme-Lefort, Albrand, Fichet, Goussard, etc. Ces mastics n'ont pas l'inconvénient de gercer sous l'action de la sécheresse, ni de fondre au soleil.

A défaut de mastic, on emploie l'onguent de Saint-Fiacre qui se compose de deux tiers de terre franche argileuse et d'un tiers de bouse de vache mélangés ; pour en augmenter la solidité, on pourra y ajouter un peu de mousse afin que le mélange soit plus consistant. Cette préparation sera placée sur la la plaie et recouverte d'un linge qui sera maintenu au moyen d'un osier ou d'une ficelle.

Mastics chauds. Les pépiniéristes emploient de préférence des mastics chauds qu'ils préparent eux-mêmes.

Ces mastics sont composés dans les proportions suivantes : 5 kilos de résine, 3 kilos de poix blanche, 1 kilo de suif, 600 grammes de cire jaune, 1 kilo d'ocre rouge, 1 kilo de noir de charbon. On fait fondre la résine avec la poix blanche ; ceci fait, on ajoute la cire jaune, puis le suif. Quand le tout est bien liquide, on verse l'ocre et le noir, doucement, en remuant le tout. En versant ce mélange par petite quantité dans l'eau froide, on peut en faire des pains que l'on forme ensuite avec les mains.

Des genres de greffes les plus usités pour la reproduction du poirier.

Ces genres de greffes sont :
Les greffes par œil ou en écusson,
Les greffes par rameaux détachés,
Les greffes en approche.
Nous parlerons successivement de ces différentes greffes.

Du greffage du poirier en écusson.

La greffe en écusson consiste à prendre sur un rameau ligneux de poirier un œil bien constitué accompagné d'une mince portion d'écorce et à le placer sur le sujet, franc ou cognassier. Cet œil sera pris sur le rameau au moment même où l'on veut le greffer.

Cette méthode est très expéditive et très employée pour les petits sujets, c'est le système de greffage le plus répandu pour le poirier dans les pépinières et dans les jardins.

On peut écussonner le poirier à 2 saisons différentes : 1° à œil poussant, au printemps au moment ou la sève se met en mouvement; 2° à œil dormant, au mois de juillet pour le franc et au mois d'août pour le cognassier.

De la greffe du poirier à œil poussant.

Cette greffe ne donnant que des résultats douteux et peu favorables, n'est presque pas usitée; pour la faire, il est nécessaire de conserver vert et en non-végétation des rameaux de l'année précédente, sur lesquels on choisira les écussons.

Pour assurer la reprise de l'écusson, il faut que le sujet soit en pleine végétation et que l'écorce se soulève très facilement de l'aubier pour permettre l'introduction du greffon.

Dix ou douze jours après le greffage, lorsque la greffe est reprise, on supprime l'extrémité du sujet et l'on conserve un onglet de 8 à 10 centimètres, sur lequel on garde un bourgeon qui servira d'appel-sève et qui sera traité d'après les procédés décrits plus loin pour la greffe en écusson à œil dormant.

De la greffe du poirier en écusson à œil dormant.

L'écussonnage à œil dormant est le plus pratique et le meilleur. L'œil écussonné reste au repos et ne doit végéter qu'au départ de la sève au printemps suivant.

Dans les pépinières, on greffe les jeunes arbres à œil dormant de 4 à 10 centimètres du sol, quant aux hautes tiges, elles sont greffées à des hauteurs indéterminées.

Il n'y a pas d'époque fixe pour l'écussonnage à œil dormant; cette époque varie d'après la température de la saison et selon la sève du sujet.

On procédera en premier lieu au greffage des sujets âgés, il en sera de même pour les variétés dont la végétation est susceptible d'un ralentissement immédiat; on se réservera les sujets jeunes et vigoureux, pour les greffer en dernière saison. Les sujets à haute tige seront aussi opérés avant ceux à basse tige.

Si l'on a beaucoup de sujets à greffer et dans la crainte que la sève ne se ralentisse avant que le greffage soit terminé, on prolongera leur végétation à l'aide des moyens suivants : 1° Par une taille en vert pratiquée sur les ramifications et l'extrémité du sujet, 7 ou 8 jours avant le greffage. Cette taille consiste à la suppression du quart de la partie supérieure de chaque ramification; même jusqu'au tiers.

2° A l'aide d'un arrosage copieux donné à chaque sujet 3 ou 4 jours avant le greffage.

Dans le cas où la sève du sujet se trouve par trop abondante, il est préférable de retarder l'écussonnage de quelques jours, dans la crainte, comme l'on dit, de noyer la greffe.

Si l'on attend que la sève soit par trop ralentie, les écorces se détachant moins facilement de l'aubier seront plus difficiles à soulever et l'on s'exposera à un insuccès complet.

De la préparation des greffons.

Les rameaux ayant été choisis bien ligneux, on prendra de préférence les yeux situés vers le milieu

Fig. 86. — Choix du rameau pour la greffe en écusson.

du rameaux comme il est indiqué en A (fig 86) ces yeux sont toujours mieux constitués.

On fera suppression en B de la base du rameau dont les yeux sont mal conformés et en C de ceux du sommet qui sont trop herbacés, trop mous. Les rameaux étant ainsi préparés, on coupe les feuilles en laissant le pétiole, à seule fin de ne pas altérer l'œil. On les place à l'ombre et au frais, au besoin l'extrémité basse du rameau piqué dans de la terre argileuse délayée à cet effet.

Les greffons qui doivent voyager seront préparés en coupant les feuilles comme il est dit ci-dessus; on les enveloppe ensuite dans de la mousse bien humide recouverte de papier gris ou ciré. Si, au moment de greffer, on s'aperçoit que les rameaux sont ridés, on les plongera pendant une journée, dans un vase d'eau fraîche, placé à la cave. Au bout de ce temps, ils seront remis pendant une dizaine d'heures dans la mousse humide, ou enterrés dans un sol frais en attendant le moment de les greffer.

De la manière de lever l'écusson.

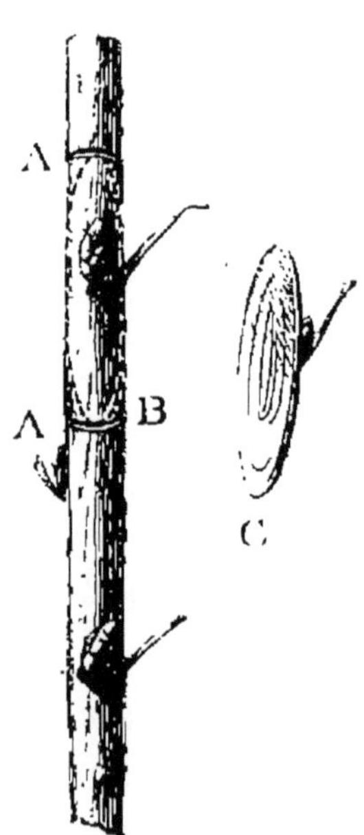

Fig. 87. — Manière de lever l'écusson.

Pour lever l'écusson on prend le rameau de la main gauche et le greffoir de la main droite; on fait sur le rameau deux incisions transversales, une à 10 ou à 15 millimètres au-dessus de l'œil et l'autre à 15 ou 18 millimètres au-dessous. Ces deux incisions servent à détacher les écorces comme il est indiqué (fig. 87) en AA.

On place ensuite l'index de la main gauche sous le rameau du côté opposé à l'œil à soulever et juste au-dessous, le pouce de la même main sur le rameau et à 3 centimètres au-dessous, de l'œil. Avec la main droite, on place le tranchant de la lame du greffoir dans l'incision de la partie supérieure en inclinant presque le dos de la lame sur le rameau ; on la fait glisser entre l'écorce et l'aubier, en appuyant légèrement avec l'index de la main droite sur le manche du greffoir, jusqu'à ce que la lame arrive à l'incision de la partie basse, comme le prescrit la ligne B (fig. 87).

Il est préférable, en soulevant l'écusson, d'enlever un peu de bois que d'oublier le moindre feuillet du liber. Comme l'indique C (fig. 87), s'il reste un peu trop de bois sous l'écorce, on pourra l'enlever en se servant de la pointe du greffoir. Pour cela on détache, en commençant par le haut de l'écusson, la partie de bois adhérente à l'écorce ; on opère le même travail sur la partie basse, en évitant d'enlever le germe qui constitue l'œil : ce dernier étant vidé, la réussite serait beaucoup moins certaine. Du reste, si notre sujet a beaucoup de sève, il n'y a aucun inconvénient à ce qu'il reste un peu de bois sous l'écorce, la soudure du greffon se fait tout aussi bien. Beaucoup de greffeurs lèvent les écussons très minces et n'enlèvent pas le peu d'aubier qui se trouve sous l'écorce, ils évitent ainsi de fatiguer l'œil et vont beaucoup plus vite ; cette manière d'opérer est préférable.

De l'incision du sujet et de l'introduction de l'écusson.

L'écusson étant soulevé, on choisit sur la tige un endroit très uni sur lequel on fait deux incisions en forme de T, ensuite avec la spatule du greffoir on soulève les écorces qui ont été incisées longitudinalement. Avec l'aide de la main gauche, on introduit aussitôt sous ces dernières, et de haut en bas, l'écusson que l'on tient par le pétiole.

On supprime l'extrémité supérieure de l'écusson à hauteur de l'incision transversale du sujet, s'il en est besoin, et on rapproche ensuite les écorces sur l'écusson.

Tout ce travail doit se faire avec beaucoup d'agilité, pour éviter le contact de l'air sur les parties qui viennent d'être opérées.

La ligature se fait immédiatement avec de la laine filée, autant que possible ; à défaut de laine, on emploiera du coton ou du raphia.

Pour éviter de faire remonter l'écusson, on commence la ligature par le haut, un peu au-dessus de

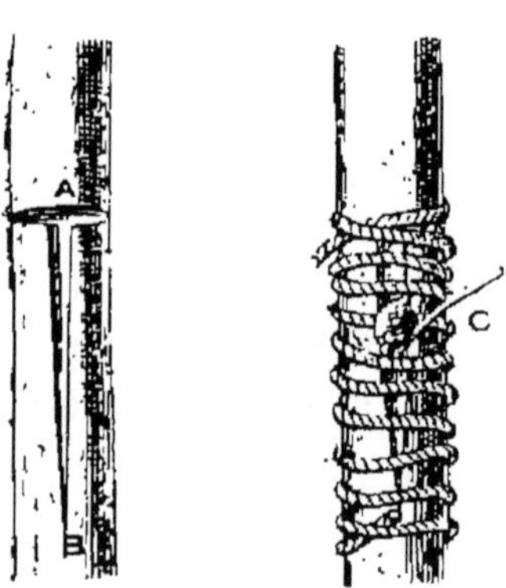

Fig. 88. — Incision du sujet et introduction de l'écusson.

l'incision transversale, et on la continue jusqu'à la partie basse de l'incision longitudinale.

Les points à serrer le plus fortement sont le haut et la base de l'incision, ainsi que la partie avoisinant l'œil. En ligaturant, il est nécessaire de bien rapprocher les écorces et de bien recouvrir de laine la partie incisée ; de la sorte, on évitera l'introduction de l'air sur la greffe.

Si l'on opère par un temps bien ensoleillé, on place une extrémité de rameaux munie de 4 ou 5 feuilles, au-dessus de l'écusson pour le préserver du soleil.

Quinze jours ou trois semaines après le greffage, on visite les ligatures et on les desserre s'il se produit un étranglement. Si la soudure n'est pas achevée, on coupe la ligature du côté opposé à la greffe et l'on en remet une autre moins serrée.

La figure 88 nous représente en A l'incision transversale, en B l'incision longitudinale, et en C le sujet greffé et ligaturé. Au printemps de l'année sui

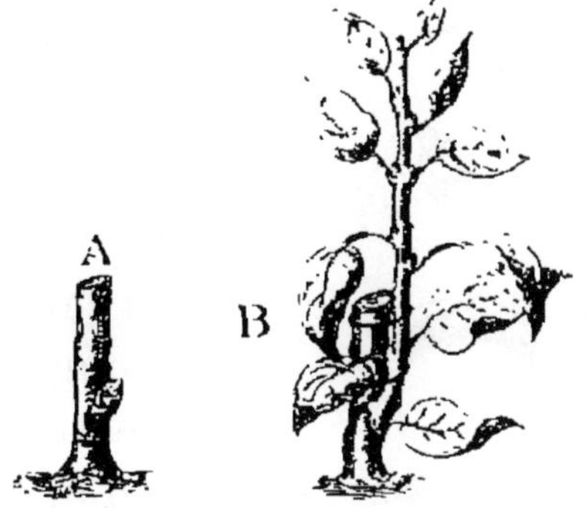

Fig. 89. — Étêtage du sujet et palissage du rameau sur l'onglet.

vante, le greffon étant repris, on étête le sujet à 10 ou 12 centimètres au-dessus de la greffe en A (fig. 89); cette partie conservée au-dessus de la greffe se nomme onglet.

Au moment du départ de la végétation, on supprime tous les bourgeons qui se développent entre le sol et la greffe, exception faite des tiges faibles, ou l'on pourrait en conserver quelques-uns et pincer leurs extrémités.

Quant aux bourgeons qui poussent sur l'onglet, c'est-à-dire au-dessus de la greffe, on en fera suppression, sauf un ou deux qui seront conservés et pincés à la longueur de 12 à 15 centimètres. Ces bourgeons attirent la sève vers l'onglet et sont utiles au développement de la greffe

Le développement de l'écusson sera surveillé très attentivement, lorsqu'il aura atteint de 10 à 15 cent. de longueur, il sera palissé sur l'onglet en B (fig. 89).

Pour les variétés vigoureuses, à bois tortueux, ainsi que pour celles dont la greffe est sujette à se décoller, on enfonce verticalement dans le sol et au pied du sujet un tuteur, qui sera attaché au collet de l'arbre entre le sol et la greffe, comme l'indique la figure 90. La greffe est ensuite palissée sur le tuteur, à mesure qu'elle se développe.

On fait la suppression de l'onglet qui se trouve au-dessus de la greffe, au bout d'une année de greffage, pendant le courant des mois d'août et de septembre. La coupe de l'onglet se fait dans une direction oblique en C (fig. 90); aussitôt coupé, la plaie se cicatrise et le coude formé par la greffe disparaît beaucoup plus vite.

Il est de toute nécessité d'enlever cet onglet qui, s'il était laissé plus longtemps, parviendrait à se dessécher et à gagner le sujet, ce qu'il faut éviter dans la crainte d'altérer la greffe.

Fig. 90. — Palissage du rameau sur le tuteur et suppression de l'onglet sur le sujet.

Dans la greffe du poirier sur cognassier, nous voyons très souvent qu'à la naissance de la greffe il se produit un très gros bourrelet défavorable à la circulation de la sève, en B (fig. 91). Nous pouvons remédier à cet inconvénient, au moyen d'incisions longitudinales commençant sur le bourrelet comme il est indiqué en C et se terminant sur le cognassier en D. Ces incisions servent à dilater les écorces et à faciliter la circulation de la sève et le grossissement du sujet.

De l'écusson double opposé.

Cette sorte d'écusson est semblable au précédent : la seule différence qui existe, c'est que l'on place sur la

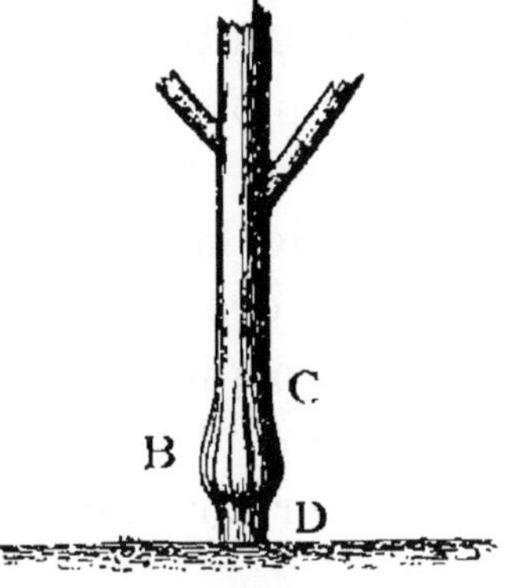

Fig. 91. — Incisions longitudinales sur le bourrelet et sur le sujet.

tige du sujet un écusson de chaque coté et à la même hauteur pour obtenir 2 branches parfaitement opposées (fig. 92).

Ce genre d'écussonnage est le seul que l'on doive employer pour former une palmette à branches bien opposées et de régularité parfaite.

Pour obtenir une belle végétation des variétés : Beurré Clairgeau, Passe Crassane, Doyenné d'hiver, etc. qui n'acquièrent que peu de développement sur le cognassier, l'on a recours au surgreffage pour l'établissement de la palmette.

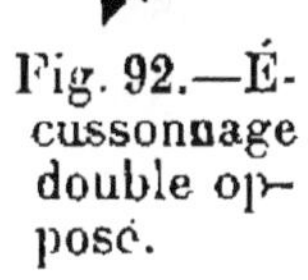

Fig. 92.—Écussonnage double opposé.

Ce surgreffage se pratique l'année même de la plantation sur des scions d'un an, de variétés très vigoureuses (Curé par exemple), qui auront été écussonnés en pépinière sur cognassier.

En ce cas, comme l'on change complètement la nature du sujet, pour obtenir la première série et la flèche, on place sur la tige 2 écussons bien opposés et un troisième en avant et au-dessus des précédents.

Cette méthode n'est malheureusement que trop peu employée; aussi la recommandons-nous, non seulement comme utile, mais comme obligatoire en faveur de la vie des arbres, de la grosseur et de la qualité des fruits. Il est préférable de faire choix dans la pépinière de ces arbres surgreffés à l'avance: c'est le seul moyen de ne pas perdre de temps et d'arriver à récolter des fruits plus vite.

De la greffe du bouton à fruit.

Ce genre de greffe a l'avantage de nous donner du fruit l'année suivante, même plus beau que celui qui vient naturellement sur l'arbre; nous devons dire aussi à l'avantage de cette greffe que les boutons à fruits greffés, nous forment des branches fruitières vivant aussi longtemps que les branches ordinaires.

Cette greffe se pratique du 15 juillet au 15 août, mais à une condition, c'est que l'arbre soit encore en pleine végétation. Si elle est faite trop tôt, on court le risque de voir le bouton à fruit se développer à bois pendant la dernière période de la sève d'août. Si, au contraire, elle est faite trop tard, au moment où la sève est prête de s'arrêter, on n'est pas assuré de la reprise du bouton à fruit.

En 1893 (année très sèche) au jardin du Luxembourg, toutes les greffes de boutons à fruit placées du 20 au 31 juillet ont parfaitement réussi. La reprise de celles placées du 1er au 15 août a été presque nulle.

On prend les greffons sur des arbres chargés de dards, de boutons à fruits, en un mot sur des arbres

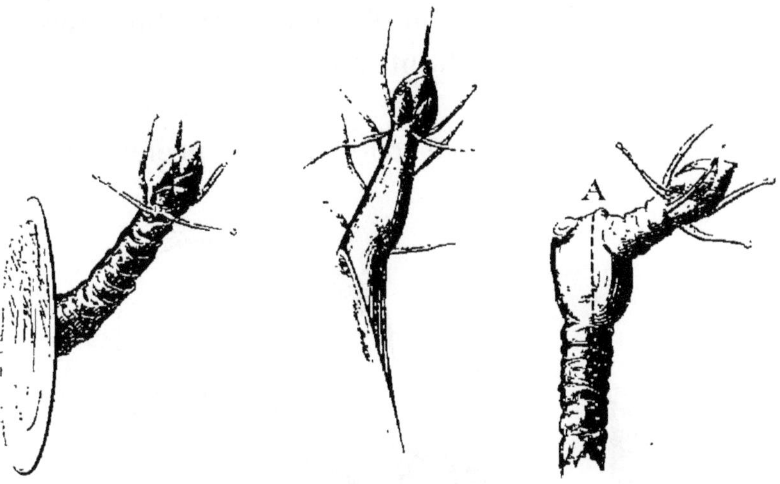

Fig. 93. — Bouton à fruit avec empatement.

Fig. 94. — Bouton à fruit sans empatement.

Fig. 95. — Bouton à fruit né sur bourse.

qui doivent être déchargés à la taille. On les prend sur l'arbre au moment de s'en servir en ayant soin de couper immédiatement les feuilles sur leur pétiole, et de les placer au frais dans la mousse très humide.

Les meilleurs boutons à fruits sont ceux qui naissent sur le bois d'un an.

On les prendra soit avec empatement (fig. 93) ou sans empatement (fig. 94). Il ne faut pas les prendre trop âgés; lorsqu'ils ont trois, quatre ou cinq ans, on a beaucoup moins de chance de réussir. La figure 95 représente un bouton à fruit né sur une bourse de l'année précédente; pour le greffer, on le prépare comme l'indique la coupe A même figure.

On peut aussi le placer directement sur les branches de charpente, pourvu qu'elles ne soient pas trop âgées et que leur écorce soit lisse.

On opère comme pour écussonner, en se gardant bien de retirer la moindre partie ligneuse qui se trouve sous l'écorce ; on fait une plaie bien lisse un peu concave, permettant de fixer son adhérence au sujet.

Pour le placer, on choisira de préférence une

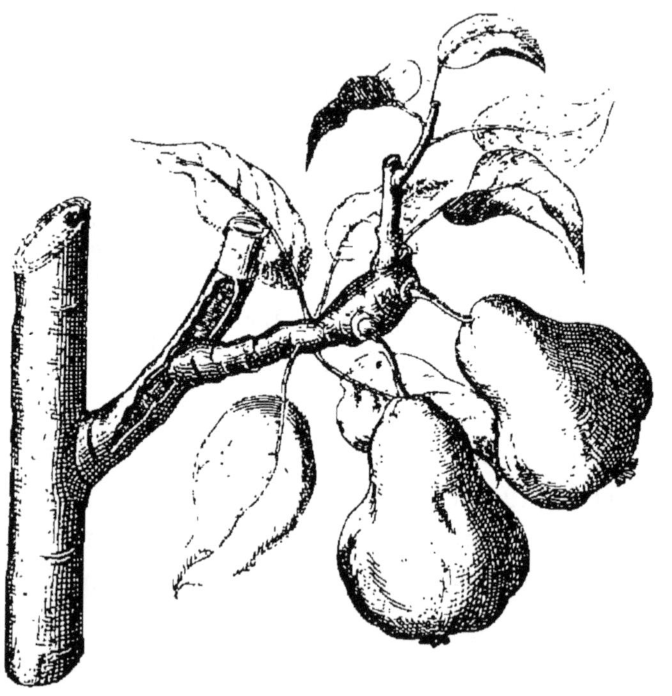

Fig 96. — Résultat de la greffe du bouton à fruit.

branche fruitière très lisse, soit près de la branche de charpente ou directement sur celle ci, lorsqu'il s'agit de regarnir une partie dénudée. Aussitôt greffé, on ligature immédiatement et fortement, et on abrite la greffe avec l'extrémité d'un rameau muni de ses feuilles.

S'il n'y a plus assez de sève, on pratique à l'au-

tomne, sur la branche fruitière, la greffe du bouton
à fruit en fente ou bien en couronne au printemps.

La figure 91 nous montre les résultats de la greffe
du bouton à fruit au bout d'une année.

Quelques variétés ne se prêtent pas bien à ce genre
de greffe, entre autres Beurré d'Arenberg et Doyenné
du Comice, qui ont tendance à laisser tomber leurs
fruits dès qu'ils sont noués. Celles qui réussissent le
le mieux sont : Doy. d'hiver, Beurré Clairgeau, Beurré
Bachelier, Beurré Diel, Triomphe de Jodoigne,
Beurré Hardy, Passe Crassane, etc.

De la greffe du Poirier par rameaux détachés.

Cette greffe consiste à prendre un rameau greffon
d'une variété de poirier et à le placer sur un sujet franc
ou aigrin, ou sur une autre variété déja greffée. Cette
greffe pour le poirier se pratique au printemps lorsque la sève commence à monter, pendant le courant
de la végétation et à l'automne au déclin de la sève.

Pour la faire au printemps, l'on conserve des
rameaux greffons de l'année précédente; si l'on
opère pendant les mois de mai, juin, même juillet, on
prendra de ces mêmes greffons, ou des rameaux de
l'année, les premiers développés ayant été pincés de
bonne heure et déja ligneux. Pour la greffe d'automne, on se servira de rameaux de l'année, bien
constitués.

Du repos des rameaux greffons de poirier.

Pour les poiriers à greffer au printemps, les
greffons sont détachés de l'arbre en hiver pendant le
repos de la sève dans le mois de décembre, janvier.
On choisit de préférence les rameaux qui ont

poussé en plein air sur des arbres sains, de bonne vigueur et fertiles en même temps. On les lie ensuite par paquets et par variétés. On peut les conserver au repos de différentes manières : 1° en les enterrant des deux tiers de leur longueur, à l'exposition du nord, soit au pied d'un arbre vert, d'un mur ou d'un bâtiment quelconque ; pour cela on ouvre une tranchée dans laquelle on place les rameaux à greffer dans une direction oblique et on les recouvre ensuite de terre meuble et fraîche ; il est possible qu'au moment de greffer, les yeux au contact de l'air soient un peu en mouvement ; que l'on ne s'en effraie pas, ceux qui sont dans le sol seront encore au repos et par conséquent très utilisables.

2° On peut encore les conserver dans une cave fraîche modérément humide, leur base enterrée dans le sable.

3° Si l'on veut conserver leur non-activité jusque vers le mois d'août, on fait le long d'un mur, au nord, une rigole profonde de 30 centimètres, large de 25 ; on l'entoure de planches sur toutes faces, la planche placée en avant sera plus enterrée que celle de derrière. On place ensuite un peu de sable dans le fond de la rigole, et les greffes liées par petits paquets sont couchées horizontalement sur le sable. Une planche placée obliquement sur les deux formant la rigole, et recouverte de 10 centimètres de terre, servira de couvercle ; de la sorte les greffons placés, pendant le repos de la sève, dans cette rigole privée d'air et de lumière, pourront se conserver pendant toute l'année. Chaque fois que l'on aura besoin de prendre des greffons, on lèvera le couvercle, qui sera refermé et recouvert de terre aussitôt après. Ces rameaux conservés dans le sol peuvent voyager aussi bien et seront tout aussi bons que ceux détachés du sujet au moment de greffer.

Pour la greffe d'été et d'automne, on détache les rameaux de l'arbre au moment de greffer; ils sont effeuillés immédiatement et greffés aussitôt. S'ils sont destinés à voyager, on les effeuille et on les enveloppe dans de la mousse humide recouverte de gros papier gris ou ciré.

Dans n'importe quel genre de greffe par rameau-greffon, ce dernier aura toujours un ou 2 yeux au-dessus de la partie greffée, et cette dernière de 2 à 3 centimètres de longueur, ce qui lui donnera une longueur totale de 8 à 10 centimètres. Dans la multiplication d'une variété précieuse, on emploiera des greffons courts; il en sera de même des espèces possédant des bourgeons dont les yeux sont très rapprochés.

De la greffe en fente du Poirier, à un seul rameau.

Ce genre de greffe pour le poirier ne se pratique que très peu en pépinière; cependant, pour ne pas perdre une année, on l'emploie avantageusement sur des sujets dont la greffe en écusson n'a pu réussir; de même qu'elle peut être utilisée sur des sujets plus âgés et dont l'écorce est plus dure.

Elle se fait au printemps aux mois de mars-avril, avec des greffons coupés dans le courant de l'hiver; on la fait encore à l'automne au moment où la sève est à son déclin, pendant les mois de septembre et d'octobre, avec des rameaux ligneux possédant des yeux bien formés et coupés au moment du greffage. Si la greffe est faite trop tôt, les yeux du greffon peuvent se développer et sont assujettis à être détruits pendant l'hiver ; si, au contraire, elle est faite trop tard, la disparition de la sève empêche la soudure du greffon au sujet.

Les greffes en fente manquées au printemps peuvent être remplacées dans le courant de l'année, au moyen de la greffe en couronne, de la greffe de côté, et encore mieux par la greffe en fente d'automne.

Au moment où la sève se met en mouvement, au point destiné à recevoir la greffe, on coupe en sifflet le sujet que l'on désire greffer : A, B (fig. 97).

Si la tige est faible, on la coupe à l'aide de la serpette ; si elle est forte, on se sert de la scie et l'on rafraîchit la plaie immédiatement.

A l'aide de la serpette ou du couteau à greffer, on opère sur le sommet, et au milieu de la coupe horizontale, une fente longitudinale de C en D, d'une longueur approximative à celle du biseau. En faisant cette ouverture, il faut avoir soin de ne partager que le biseau et non le sujet dans tout son entier ; pour cela, il s'agit de tenir le manche de la serpette beaucoup plus bas que la lame ; de cette manière, l'écorce étant tranchée la première, l'aubier ensuite, on évitera toute déchirure possible et le cœur du sujet se trouvera épargné.

On laisse à l'extrémité supérieure du greffon 1 ou 2 yeux ; plus le sujet est jeune, plus le greffon sera court. On taille ensuite la partie inférieure sur deux faces, en biseau et en forme de lame de couteau E (fig. 97). Les petits crans pratiqués de chaque côté de la partie basse de l'œil, au point F, permettent d'asseoir facilement le rameau sur la coupe du sujet.

Pour l'introduction du greffon, on écarte l'ouverture du sujet avec la pointe de la serpette et on place le greffon de l'autre main. En l'introduisant, on veille à ce que l'écorce du greffon plus mince que celle du sujet, soit bien en contact avec cette dernière ; à cet effet on incline légèrement le greffon en le rentrant un peu sur le sujet ; on le maintient très sensiblement avec la main jusqu'à ce que la pointe de la serpette soit retirée de l'ouverture. La figure 98 nous

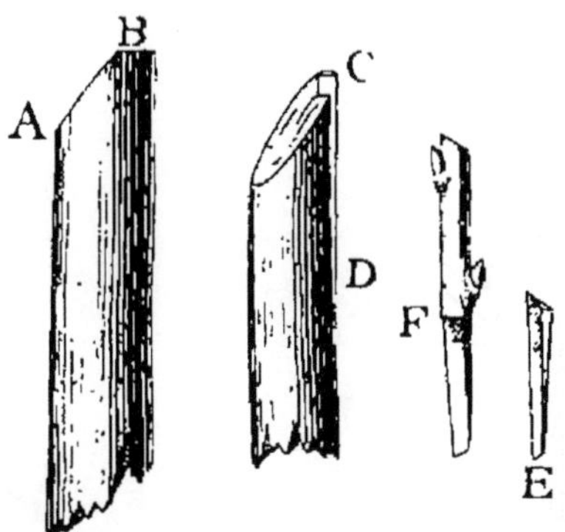

Fig. 97. — De la préparation du greffon et du sujet pour la greffe en fente simple.

montre l'insertion de la greffe sur le sujet. Pour assurer la reprise de la greffe, on ligature immédiatement ; afin de maintenir le greffon en contact avec le sujet, on enduit ensuite les plaies de cire à greffer, ainsi que l'extrémité du greffon.

La greffe en fente avec œil enchâssé, comme l'indique la figure 99, ne diffère de la précédente que par la coupe en biseau du greffon, qui commence en D à environ 1 centimètre et demi au-dessus de l'œil qui se trouve sur le dos du biseau.

Par l'introduction du greffon, cet œil se trouvera enchâssé dans l'ouverture du sujet et offrira plus de vigueur et de solidité.

Aussitôt son développement, on le palissera sur l'extrémité du sujet, ensuite sur l'extrémité du greffon et plus tard sur un tuteur.

Avec ce genre de greffe, il n'est pas nécessaire de conserver 2 yeux au-dessus de celui qui est enchâssé,

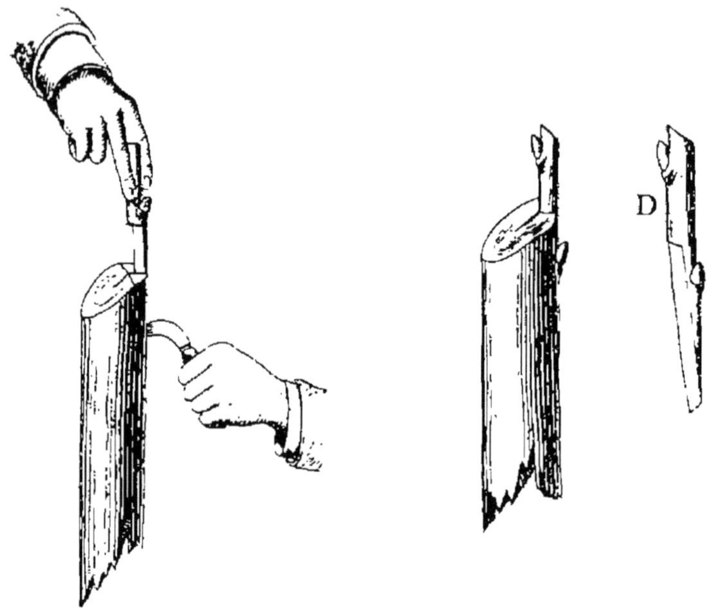

Fig. 98. — Insertion du greffon
sur le sujet.

Fig. 99. — Greffe en fente
simple avec œil enchâssé.

un seul suffit pour que la sève n'abandonne pas l'extrémité supérieure du greffon.

De la greffe en fente du Poirier à deux rameaux.

Cette greffe se fait de préférence au printemps, elle est employée principalement sur des poiriers dont on veut changer la variété, ainsi que sur des branches assez fortes, nécessitant le placement de 2 greffons. On prépare le greffon, avant de fendre le sujet, de la même manière que pour la greffe en fente a un seul rameau.

On coupe le sujet horizontalement, de préférence sur un endroit bien lisse, on le fend ensuite diamétralement avec la serpette.

Si le sujet offre une certaine résistance, on frappe sur le dos de la serpette avec un petit maillet en bois pour faire une fente bien nette, sans éclat ni déchirure d'écorce.

La fente ouverte, on se servira d'un coin en bois dur plus ou moins gros, pour maintenir entr'ouverte l'extrémité du sujet à opérer et faciliter l'introduction des greffons; la greffe terminée, on retire le coin avec beaucoup de précaution, en évitant de les déranger. On ligature et on enduit aussitôt les plaies de cire ou mastic à greffer.

La figure 100 représente la greffe en fente à 2 rameaux.

Un autre moyen plus pratique pour greffer de gros sujets, c'est de faire usage du ciseau à greffer: la lame sert à fendre le sujet, et sert en même temps de coin pour faciliter l'introduction des greffons. Au développement de ceux-ci on attachera, à l'extrémité du sujet, un petit tuteur sur lequel on

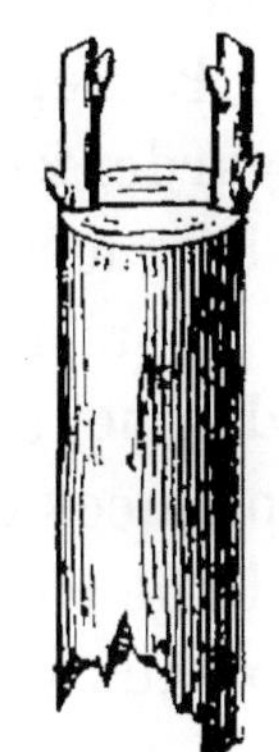

Fig. 100. — Greffe en fente à deux rameaux.

palisse les nouveaux bourgeons. Ceux qui se développent sur le sujet seront supprimés; exception faite de quelques appelle-sève que l'on conservera dans le voisinage de la greffe et que l'on pincera à la longueur de 12 à 15 centimètres.

De la greffe du Poirier en couronne.

La greffe en couronne est indispensable pour le greffage des vieux poiriers, ainsi que des grosses branches. On la fait au printemps vers le mois de mars-avril; lorsque l'écorce se détache facilement de l'aubier, elle procure cet avantage sur la greffe en fente, c'est que l'introduction des greffons ayant lieu entre le liber et l'aubier, l'on n'a pas besoin de fendre les sujets pour les greffer.

Si l'on a beaucoup de sujets à greffer, on pourra les étêter un mois à l'avance ; la sève, n'étant pas appelée vers l'extrémité de l'arbre, montera beaucoup moins vite et nous permettra de greffer plus tardivement.

En regreffant de vieux arbres il sera nécessaire de garder 2 ou 3 branches d'appel pour conserver la sève dans le sujet et favoriser la reprise des greffons.

Lors du développement des greffons, ces branches d'appel seront rapprochées progressivement et supprimées définitivement pour la fin de la saison, afin de ne pas entraver le développement des jeunes rameaux pour les années suivantes.

La figure 101, D, représente un sujet coupé à la scie 3 semaines ou un mois à l'avance ; au moment de le greffer, on rafraîchit la plaie à la serpette, on prend des rameaux-greffons coupés en hiver et conservés comme il a été dit page 207.

On laissera 2 yeux sur la partie supérieure du greffon, la partie inférieure sera taillée en biseau plat dit bec de plume E (fig. 101). On fait un petit cran à la partie supérieure du biseau pour permettre de fixer avec plus de solidité le greffon sur la coupe du sujet.

On se sert d'un coin en bois dur très aminci pour détacher l'écorce de l'aubier, à l'endroit où l'on veut introduire le greffon ; on retire le coin pour y placer immédiatement la greffe que l'on fait glisser entre l'écorce et l'aubier.

Le nombre de greffes à placer sur un sujet est indéterminé ; il peut varier de 1 à 3 ou 4, selon la grosseur de l'arbre.

De toute manière, on aura le soin de les distancer de 4 à 5 centimètres sur la circonférence.

Lorsque l'on se trouve dans la nécessité de placer plusieurs greffons sur un même sujet, on pratique sur l'écorce, à l'endroit où l'on veut placer une greffe, une incision longitudinale, qui facilite l'introduction du greffon, permet aux autres d'être à leur aise et évite le déchirement des écorces.

Comme pour les autres genres de greffes, on ligature et on mastique ensuite.

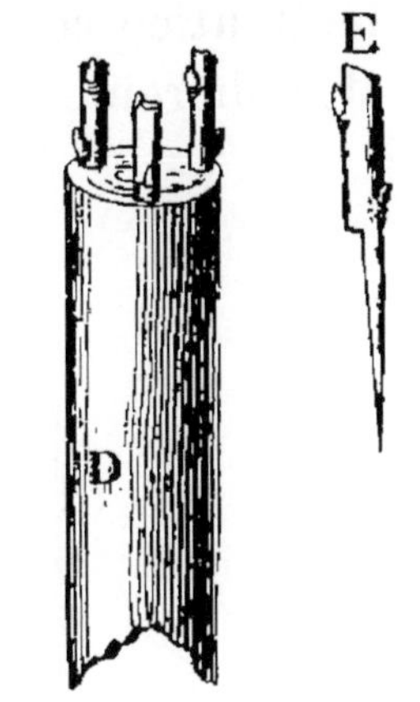

Fig. 101. — Greffe du poirier en couronne.

La figure 101 nous représente un sujet sur lequel on a placé trois greffons.

De la greffe en couronne perfectionnée.

Cette greffe ne se fait que sur des sujets ne demandant qu'un seul greffon. Le sujet H (fig. 102) étant rabattu, on pratique sur lui, au point où on veut le greffer, une coupe légèrement oblique ; à l'extrémité supérieure de la coupe, on fait, sur l'écorce du sujet, une incision longitudinale, on ne soulève seulement qu'un seul côté de l'écorce I. On taille le greffon en bec de plume comme pour la greffe en couronne ordinaire, mais en laissant au sommet du biseau K, une petite languette formant crochet qui permettra l'adhérence du greffon sur la coupe oblique du sujet. Ceci fait, on enlève encore une petite bande d'écorce sur le côté L du biseau du greffon, et on le place ensuite sous l'écorce soulevée du sujet, en le mettant en contact du côté L avec l'écorce du sujet M, adhérente à l'aubier. On ligature et on enduit en-

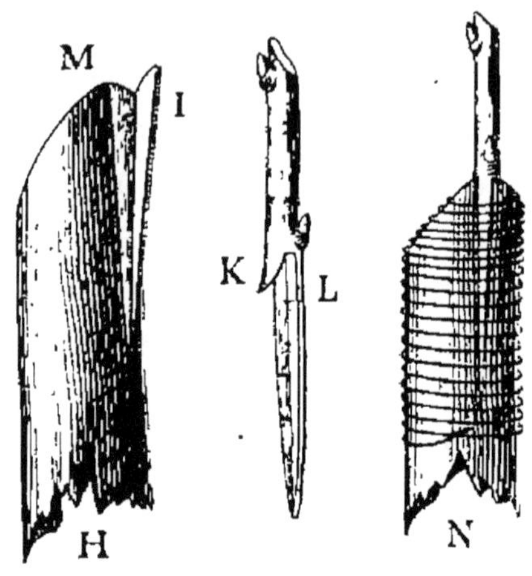

Fig. 102. — Greffe du Poirier en couronne perfectionnée.

suite les plaies et l'extrémité du sujet de cire à greffer. La figure 102, N, nous représente le greffon placé et ligaturé sur le sujet.

Les soins à donner après ce genre de greffage sont les mêmes que pour le greffage en fente.

Greffe du poirier par rameaux sous écorce de côté.

Cette greffe se pratique sur le côté de la tige, il n'y a pas lieu de couper le sujet. Elle se fait sur le poirier à 2 époques différentes : 1° au printemps, dans le courant d'avril-mai avec des rameaux conservés de l'année précédente ; par ce moyen la greffe se développe dans le courant de l'année ; 2° du mois du juillet à la fin d'août, même au commencement de septembre, avec des rameaux ligneux de l'année.

Faites à cette époque, les greffes ne se développent
que l'année suivante. Cette greffe est très employée
pour la restauration des poiriers soumis à une forme
régulière, soit pour donner de nouvelles branches
de charpente, soit pour remplacer les branches

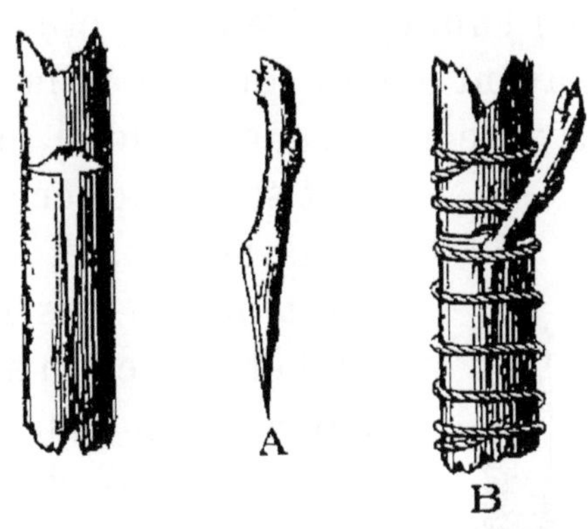

Fig. 103. — Greffe du Poirier par rameaux sous écorce de côté.

fruitières qui peuvent manquer sur la charpente du
poirier.

Elle offre un avantage sur la greffe en écusson
c'est de mieux se prêter au greffage sous les vieilles
écorces.

On pratique sur le sujet une double incision en
forme de T, l'une transversale, l'autre longitudinale,
et on enlève au-dessus du T une petite parcelle
d'écorce comme l'indique la figure 103.

On taille la partie inférieure du greffon en biseau
plat, ou bec de plume A (fig. 103), en conservant 2 ou
3 yeux sur la partie supérieure.

La greffe ainsi taillée, on soulève les écorces avec
la spatule du greffoir pour y insérer le greffon ; ce
dernier placé, on rapproche les écorces et on ligature
ensuite, B (fig. 103).

De la greffe du poirier en fente à l'anglaise.

Le poirier peut se greffer en fente à l'anglaise, au printemps pendant les mois de mars et d'avril, avec des greffons de l'année précédente, et au mois d'août et septembre avant l'arrêt complet de la sève.

Cette greffe offre une grande solidité, mais elle ne peut se pratiquer que pour de petits arbres, et encore faut-il autant que possible que le sujet et le greffon soient d'une égale grosseur ou à peu près.

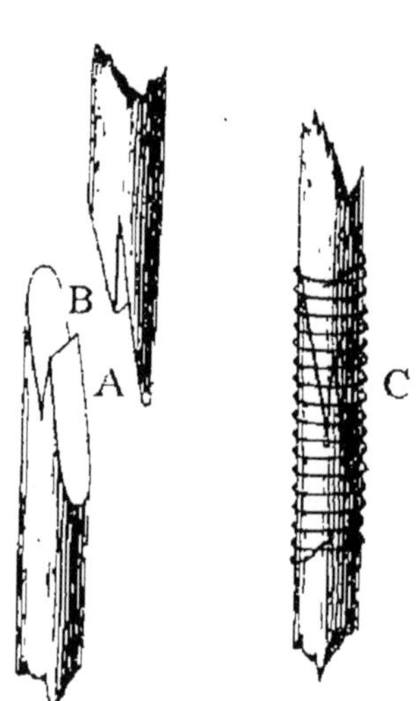

Fig. 104. — Greffe du Poirier en fente à l'anglaise.

Au moment de greffer, on coupe le sujet et le greffon en biseau très allongé; puis, à l'aide du greffoir, vers le tiers supérieur de chaque biseau, on pratique une esquille de même dimension (fig. 104) au point A du sujet et B du greffon. Les deux esquilles ainsi préparées, on les fait pénétrer l'une dans l'autre en faisant coïncider les écorces, C (fig. 104). Si le greffon est un peu moins large que le sujet ce qui arrive très souvent, on l'ajuste seulement sur un côté du sujet. De la sorte les libers du sujet et du greffon se trouvant en contact, la reprise de la greffe sera presque assurée.

La greffe terminée, on ligature et on enduit les plaies de cire à greffer.

Pendant le courant de la végétation, l'on surveillera les ligatures et le développement de la greffe; en un mot l'on y apportera les mêmes soins qu'aux greffes en fente et en couronne.

De la greffe en approche du poirier.
Principes généraux.

Le greffage par approche est le plus ancien de tous et le plus simple; il consiste à souder ensemble soit deux arbres ou deux branches, ou bien encore à greffer une branche du sujet sur lui-même.

Ce genre de greffe peut être employé sur le Poirier soit pour établir une branche de charpente, soit pour lui donner de la vigueur, à cet effet, il faut que les deux sujets soient très voisins, afin de pouvoir les rapprocher facilement. La greffe en approche est encore employée sur le poirier avec avantage, pour combler les vides existant sur les branches de charpente. En effet sur une branche de charpente qui se développe avec beaucoup de vigueur, si l'on ne refoule pas la sève vers la base à l'aide de la taille, les yeux s'annulent et ne se développent jamais; il s'y produit de grands vides que l'on comblera facilement avec la greffe en approche. Ce genre de greffe a encore son utilité pour reconstituer de nouvelles branches fruitières en remplacement de celles qui sont usées par la fructification, ou de celles détruites par les insectes.

La greffe par approche se fait pendant tout le courant de la végétation, de mai en septembre; cependant le moment le plus favorable est le printemps, au moment de l'ascension de la sève.

De la greffe par approche ordinaire.

Pour la pratiquer, on fait deux entailles d'égales dimensions, l'une sur le sujet, l'autre sur la greffe. Ces entailles consistent à enlever une partie d'écorce et de bois, allant presque jusqu'au canal médullaire.

On rapproche aussitôt les deux sujets en mettant

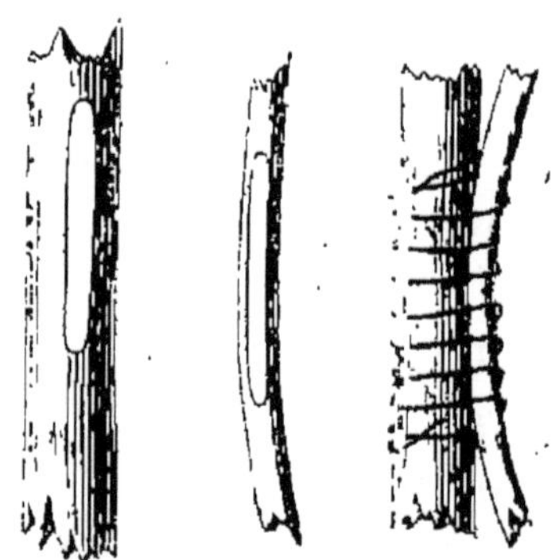

Fig. 105. — Greffe de Poirier, par approche ordinaire.

les libers en contact, autant que possible (fig. 105), on ligature le point de rapprochement des deux sujets à l'aide de laine ou de raphia pour faciliter la soudure. On surveille les ligatures qui pourraient former étranglement; s'il en est besoin, on les enlève, en les remplaçant par d'autres moins serrées.

Le sevrage se fera lorsque la reprise de la greffe sera complètement assurée; pour cela on entaille la greffe d'un tiers de son épaisseur au-dessous du point de soudure; quinze jours après, on continue l'entaille jusqu'aux deux tiers et enfin, un peu plus tard, on sépare définitivement.

De la greffe par approche du poirier avec bourgeon herbacé en placage.

Cette greffe se pratique principalement sur le pêcher et sur les vignes, mais on la fait aussi sur le poirier, en juin, juillet et août, elle est avantageuse

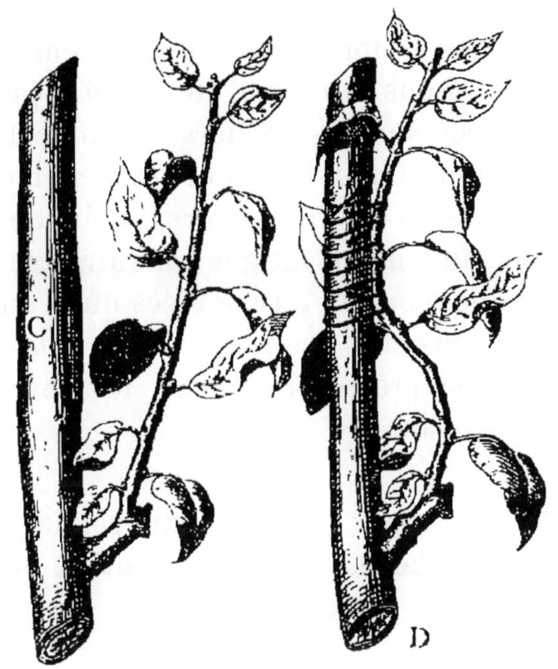

Fig. 106. — Greffe par approche du poirier avec bourgeon herbacé en placage.

pour combler les vides sur les branches de charpente.

Pour la faire, on se sert d'un bourgeon herbacé, ayant beaucoup de vigueur et passant déjà à l'état ligneux.

Voici la manière d'opérer: à l'endroit où se trouve le vide que l'on veut combler, on pratique sur la branche de charpente en C (fig. 106) une entaille de

4 à 5 centimètres de longueur, on prend dans le voisinage un bourgeon de bonne consistance, sur lequel on pratique la même opération, en ayant le soin de laisser, du côté opposé, un œil qui se trouvera au milieu de la partie entaillée.

On réunit le bourgeon à la branche de charpente en mettant les écorces en contact, et on ligature ensuite.

La figure 106 D nous représente ce genre de greffe en approche. Nous avons fait des greffes par approches herbacées sur des poiriers à écorce très dure au mois de juin, et nous les avons sevrées en une seule fois un mois et demi après, vers la fin de juillet ; elles n'ont nullement fatigué. D'autres faites à la même époque n'ont pu être sevrées que l'année suivante et en plusieurs reprises, d'où nous en concluons qu'il est préférable de ne les sevrer qu'au printemps suivant.

De la greffe par approche du poirier avec bourgeon herbacé en incrustation et en arc-boutant.

Avons-nous un poirier possédant des branches de charpente à écorce dure et deux vides rapprochés à combler sur la même branche comme l'indique la figure 107 ; nous nous servirons pour cette opération d'un bourgeon vigoureux qui se trouve sur cette branche, un peu plus bas que le premier vide, même figure, avec lequel nous pratiquons la greffe par approche en incrustation au point A et celle par approche en arc-boutant au point B (fig. 108).

Pour la greffe par approche en incrustation, on enlève en C (fig. 107), sur les deux faces du bour-

geon et du côté opposé à l'œil qui doit se trouver
dans le milieu de la plaie, une légère portion

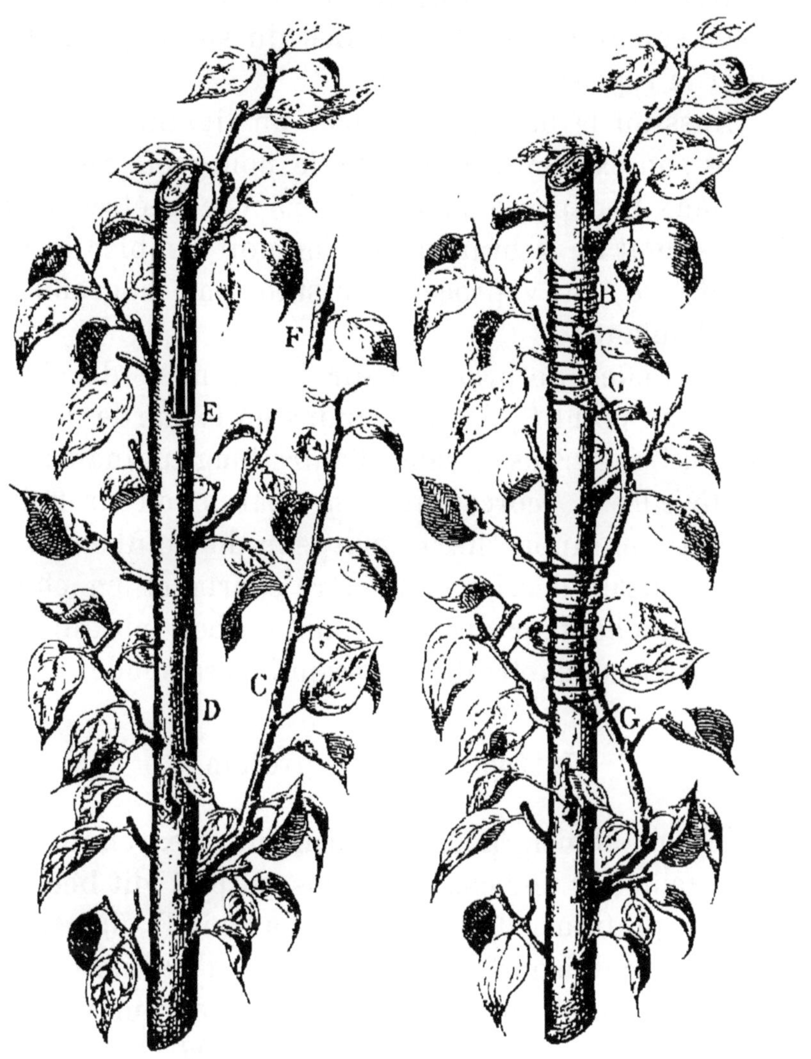

Fig. 107. — Greffe par approche
en incrustation et en arc-boutant. Sujet préparé pour la
greffe.

Fig. 108. — Le même sujet que
le précédent greffé et ligaturé.

d'écorce ; on pratique sur la branche, au point D
(fig. 107), une ouverture de forme angulaire longue

de 5 à 6 centimètres, dans laquelle on placera la partie entaillée du bourgeon, en A (fig. 108).

Il est nécessaire que les parties avivées du bourgeon soient adhérentes à celles du sujet, pour faciliter la reprise de la greffe.

Aussitôt le bourgeon placé, on ligature en laissant son extrémité libre. Si le bourgeon est assez ligneux et dépasse d'au moins 25 centimètres l'emplacement de la branche où l'on doit combler le second vide, on y procède de suite par la greffe en arc-boutant.

A cet effet, on pratique sur la branche de charpente au point E, deux incisions en forme de ⊥ renversé, l'une transversale, l'autre longitudinale ; on soulève les 2 écorces avec la spatule du greffoir ; ceci fait on rapproche le bourgeon du point entaillé en lui faisant décrire une légère courbe et en choisissant, à hauteur des incisions, un bon œil qui deviendra branche fruitière lorsqu'il sera soudé.

Introduction du greffon.

Cet œil choisi, nous supprimons l'extrémité du bourgeon par une coupe en biseau plat dit bec de plume, pratiquée du côté opposé à l'œil F (fig. 107). Nous introduisons immédiatement l'extrémité du bourgeon taillé sous l'écorce du sujet en lui faisant décrire un léger arc de cercle B (fig. 108). Nous ligaturons ensuite en ménageant l'œil placé sur le dessus de la greffe.

Par ce procédé, la sève, continuant à circuler dans le bourgeon, est attirée vers l'œil qui se trouve placé sous l'écorce du sujet, et la reprise est immédiate.

Nous pratiquons ce genre de greffe dans le jardin

fruitier du Luxembourg, et nous en sommes satis-
fait.

Si, au moment de la greffe en incrustation, le bourgeon n'est ni assez long, ni assez ligneux pour pratiquer la greffe en arc-boutant, nous attendrons qu'il
soit dans les conditions convenables pour l'opérer.

L'année suivante, au printemps, on opère en plusieurs fois le sevrage du rameau greffé au-dessous
des 2 ligatures aux points G, G (fig. 108), et l'on
obtient ainsi deux branches fruitières de constitution
robuste.

De la greffe par approche sur le poirier pour remplacer des branches manquantes.

Avons-nous des vides à remplir sur des poiriers
en pyramide, en espalier, contre-espalier, comme
l'indique la figure 109 : la greffe en approche nous
procure le moyen de les combler.

Au printemps, au moment où la sève se met en
mouvement, on pratique sur le sujet, à l'endroit que
l'on veut regarnir, une entaille de 5 à 7 centimètres ;
une entaille identique et correspondante sera faite
sur un rameau d'un an ou de deux ans que l'on
aura conservé à cet effet ; on rapprochera les parties
entaillées en mettant en contact les écorces ou tout
au moins un côté et on ligature.

Pendant le courant de la végétation, on surveillera
les ligatures pour éviter les étranglements ; l'année
suivante, on procédera au sevrage du rameau greffon
au-dessous de la soudure ; l'extrémité supérieure
nous fournira la branche devant combler le vide.

La lettre A (fig. 109) nous montre l'endroit où la
greffe a été faite, B où le rameau greffon a été

retranché et C, la nouvelle branche formée par la greffe.

Dans l'établissement de la charpente d'un jeune sujet, il arrive quelquefois qu'au point où l'on veut

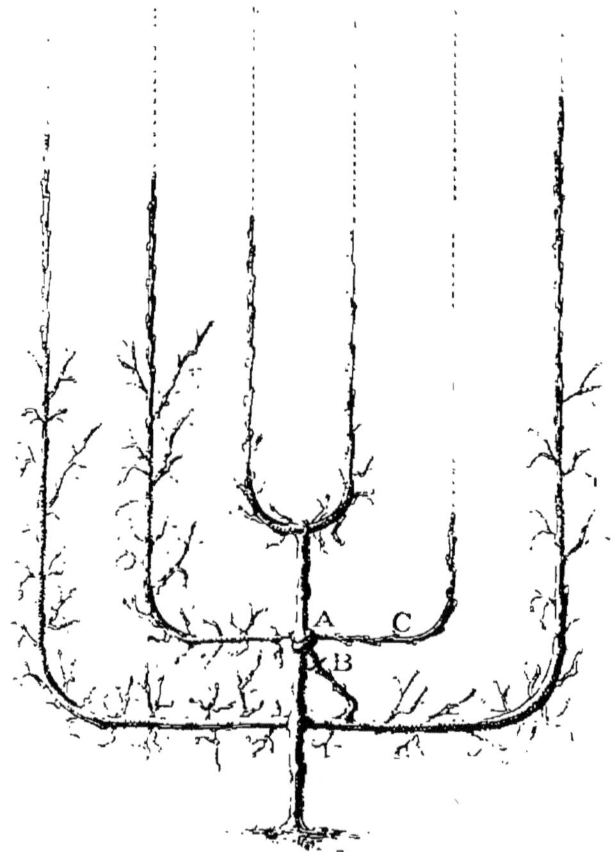

Fig. 109. — Restauration d'une palmette à l'aide de la greffe par approche.

obtenir une branche, l'œil s'annule, on pourra remédier à cet inconvénient à l'aide d'un bourgeon herbacé pris dans le voisinage, et qui sera greffé en approche au point où l'on veut obtenir la branche.

NOTIONS PRATIQUES SUR LES MALADIES LES PLUS COMMUNES DU POIRIER

Le poirier est sujet à différentes maladies qu'il est du devoir de toute personne s'occupant d'arboriculture de connaître.

Nous ne donnerons ici que des détails de pratique pure sur ces maladies, renvoyant pour plus de détails au volume : *Maladies des arbres fruitiers*, par M. E. Girardot, de cette Bibliothèque.

Nous donnerons en même temps les moyens les plus efficaces pour les combattre et les faire disparaître s'il est possible ; mais, avant de parler de toutes ces maladies attaquant le poirier d'une façon plus ou moins inquiétante, nous trouvons indispensable de faire ressortir ici les différentes causes accidentelles qui peuvent occasionner et contribuer à la perte du poirier et de tous les arbres fruitiers en général.

Des différentes causes accidentelles pouvant occasionner la perte du poirier.

Une foule de circonstances accidentelles causées involontairement, et la plupart du temps par la main de l'homme, soit par son manque de capacité en arboriculture, ou par son manque de surveillance, nous dirons même d'agilité, peuvent contribuer et amener à bref délai la perte du poirier et des arbres fruitiers.

Nous ne citerons ici que les principales causes :

1° De planter un poirier greffé sur franc ou sur cognassier dans un sol qui ne soit pas en rapport avec la nature du sujet, sol soit par trop calcaire ou par trop argileux : il ne poussera pas et ne donnera que peu ou pas de fruit ;

2° Dans la plantation d'un arbre, si les racines sont enterrées trop profondément dans le sol (ce qui arrive par trop souvent), elles ne peuvent absorber l'air, l'arbre devient chlorosé et finit par périr ;

3° De labourer continuellement au pied des arbres, soit avec une bêche ou avec tout autre instrument tranchant, on détruit les racines et les radicelles, ce qui arrête la végétation et empêche la croissance du sujet ;

4° De donner à un arbre une forme par trop restreinte, en raison de sa vigueur et de son développement radiculaire, ainsi que de la nature du sol dans lequel il a été planté : il arrivera que cet arbre sera continuellement contrarié dans sa végétation ; il en sera de même si on lui donne une trop grande forme, qui ne soit pas en rapport avec la qualité du sol ou avec la nature du sujet ;

5° D'opérer sur un arbre le pincement de tous les bourgeons en une seule fois : il se produira un arrêt complet de la sève, ce qui nuira au développement du sujet ;

6° De laisser à un arbre plus de fruits qu'il n'en peut porter, il s'épuisera très promptement : la quantité de fruits à lui laisser est de 6 à 8 par mètre de longueur de branche de charpente ;

7° Si pendant la végétation ou au moment du repos de la sève, un arbre n'est pas débarrassé des insectes ou des maladies qui peuvent l'attaquer et l'envahir, sa végétation contrariée, troublée, deviendra languissante, et infailliblement il finira par périr.

Voilà une foule de causes accidentelles, qui, dans un laps de temps plus ou moins long, peuvent contribuer à la perte du poirier et des arbres fruitiers en général.

Ulcère.

L'ulcère est une maladie qui se déclare le plus souvent à la suite d'une mauvaise coupe, faite à l'aide d'un instrument qui a déchiré et meurtri les organes vivants du sujet.

Lorsque l'ulcère se forme sur une branche de poirier, on aperçoit une plaie pénétrant jusqu'au corps ligneux, s'agrandissant de plus en plus, et laissant échapper un liquide noirâtre qui décompose le bois et empêche la formation du bourrelet.

Le meilleur moyen pour le faire disparaître est d'enlever jusqu'au vif, à l'aide d'un décortiqueur, toute la partie contaminée ; de frotter ensuite la plaie avec des feuilles d'oseille et, aussitôt séchée, de la recouvrir de mastic à greffer.

Chancre.

Le poirier est assujetti au chancre. L'arbre atteint de cette affection a une écorce qui devient rougeâtre, molle, se boursouflant, se fendillant et se décomposant en poussière. Si l'on n'y prend garde, la plaie s'agrandit, gagne tout le pourtour de la branche, et amène sa perte à bref délai.

Le chancre est une affection cryptogamique, causée

par le *Nectria ditissima* Tul. (V. p. 42 de l'ouvrage cité ci-dessus).

Le chancre se déclare dans les terrains secs et brûlants, aussi bien que dans les terrains argileux, froids et humides.

Il peut aussi se déclarer à la suite de coups de soleil, de meurtrissures, ou d'une coupe nouvellement faite ; dans ce cas, il est facile de le guérir. Nous remarquons que les poiriers greffés sur franc y semblent plus exposés.

Pour y remédier, on gratte les plaies jusqu'au vif, avec le décortiqueur, ou la serpette, on frictionne fortement avec de l'oseille et l'on enduit ensuite de mastic ou de cire à greffer.

Si la plaie est profonde et large et que la branche soit petite, il vaut mieux en faire la suppression, au-dessous du point attaqué, et prendre le bourgeon le plus vigoureux pour former un nouveau prolongement.

Mais, si notre arbre est envahi par plusieurs chancres, on se trouvera dans l'impossibilité de le guérir, il finira infailliblement par périr ; mieux vaut l'arracher et le remplacer.

Chlorose.

La chlorose est une terrible maladie qui atteint très fréquemment le poirier.

Les feuilles jaunissent, les bourgeons deviennent maigres, languissants et cessent de végéter.

Si la chlorose est occasionnée par un changement brusque de température, par une longue période de sécheresse, ou par une humidité excessive et trop prolongée, il ne faut pas s'en effrayer : là elle n'est que momentanée, et disparaîtra lorsque la température deviendra plus régulière.

Le meilleur moyen d'y remédier, pour activer la végétation, est de faire dissoudre du sulfate de fer dans la proportion de 1 à 2 grammes par litre d'eau, et de l'employer en pulvérisation sur toutes les partie feuillues de l'arbre, le soir après le coucher du soleil.

Huit à dix jours après, nous voyons quelques taches vertes reparaître sur les feuilles. On peut répéter cette opération encore une ou deux fois, en laissant un espace de 12 à 15 jours entre chacune.

On peut encore combattre la chlorose du poirier à l'aide d'arrosages par le sulfate de fer ; pour un arbre de 10 à 12 centimètres de diamètre, faire dissoudre 100 grammes de sulfate de fer pour un arrosoir d'eau de la contènance de 12 litres, y ajouter un gramme de nitrate de potasse. Ouvrir au pied de l'arbre une cuvette très large, profonde de 4 à 5 centimètres seulement, l'inclinaison de la pente du côté des radicelles, pour permettre à l'eau de s'écouler de ce côté ; et arroser l'arbre avec cette dissolution.

Si la chlorose est causée par l'appauvrissement du sol, il faudra ranimer la végétation par des engrais ; si ce moyen ne suffit pas, il vaudra mieux, si les poiriers ne sont âgés que de 8 à 10 ans et moins, en faire la déplantation, enlever les terres épuisées, en rapporter des neuves et replanter ensuite. Si les arbres sont trop âgés pour être déplantés, on découvrira les grosses racines, sur un cercle aussi grand que possible et avec beaucoup de précaution, dans la crainte de les mutiler.

On enlèvera toute la terre épuisée entre les racines et on les recouvrira ensuite de terre franche sableuse dite terre à blé, dans laquelle on aura mélangé des terres riches en humus provenant des cuvettes d'arbres, des curages de fossés, de débris de toutes sortes, de gazon consommé, etc.

A la suite de cette opération, les arbres reprendront une nouvelle vigueur, qui pourra prolonger leur existence de plusieurs années.

Mousses, lichens et plantes parasites.

Il est à remarquer, qu'à mesure que nos poiriers prennent de l'âge, les branches sont presque toujours envahies de mousses et lichens qui parviennent à faire mourir les branches fruitières les moins vigoureuses, et servent en même temps de refuge aux insectes nuisibles. Pour s'en débarrasser, s'il y en a en grande quantité, on se servira du gratte-mousse (fig. 110), avec lequel on enlèvera le plus gros, ainsi que les vieilles écorces; la brosse en crin, recourbée, terminera l'opération. A l'aide d'un pinceau, on badigeonnera la tige et les branches de l'arbre avec un lait

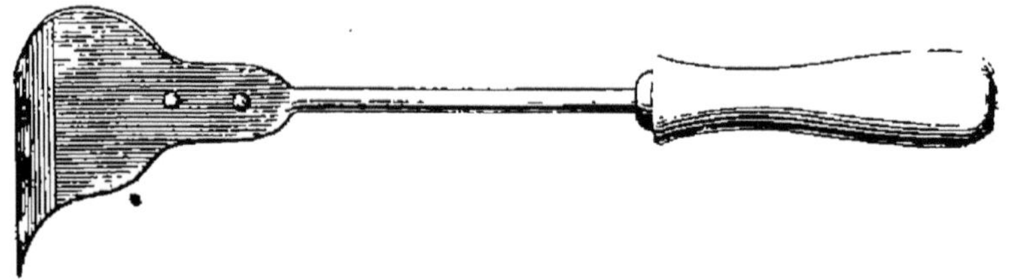

Fig. 110. — Gratte-mousse.

de chaux très clair. On procédera à cette opération du mois de novembre au mois de février. L'année suivante, les écorces de nos arbres redeviendront très lisses. Selon le besoin, cette opération sera renouvelée tous les quatre ou cinq ans.

Les plantes parasites croissent principalement sur les vieux arbres à écorces rugueuses, endurcies, et dans les endroits ombragés. Les vieilles écorces seront enlevées avec le gratte-mousse, ramassées et brûlées aussitôt. On chaulera, comme il a été dit ci-dessus, aussitôt l'opération.

Brûlure du poirier.

Durant les fortes chaleurs, il arrive très souvent que l'extrémité des bourgeons se dessèche et que les feuilles noircissent, même dans un bon sol; on ne sait à quoi attribuer la cause de cette maladie.

On y remédie à l'aide d'une taille en vert, faite sur l'œil le plus élevé qui parait le meilleur; de la sorte, cet œil pourra se développer en faux bourgeon et assurer le prolongement de la charpente.

Un autre moyen pour activer la végétation du sujet, c'est de le bassiner à l'eau claire tous les soirs entre 7 et 8 heures pendant les grandes chaleurs.

Rouille des feuilles.

Gymnosporangium Sabinæ Dicks. Ce champignon se trouve sur la feuille du poirier sous la forme d'*œcidies* et de spermogonies; il passe une partie de son existence sur le genévrier Sabine (*Juniperus Sabina*).

Lorsque les poiriers sont atteints de cette maladie, nous voyons certaines feuilles se couvrir en dessus de points noirs entourés d'une tache rouge plus ou moins grande, tandis qu'en dessous il se forme des boursouflures velues et inégales, produisant à la fin de la saison une quantité de spores.

Cette maladie, comme on le voit, est due à la présence de la Sabine, au voisinage du poirier; un seul pied de cet arbuste peut la communiquer à des poiriers, même éloignés de 5 à 600 mètres.

Nous ne connaissons pas d'autre traitement que de supprimer les sabines du voisinage, et de recueillir avec beaucoup de précautions sur tous nos poiriers atteints toutes les feuilles malades et les brûler aussitôt (V. Sirodot, ouvr. cit. p. 19).

Tavelure sur le poirier.

La tavelure est une maladie qui produit sur certaines variétés de poires et de pommes des taches noires, des crevasses. Les fruits attaqués par le champignon qui la cause, sont déformés au point que l'on n'en peut tirer aucun profit. La tavelure se produit presque chaque année sur les variétés délicates, plantées dans les terrains marécageux, froids et humides, exposés aux brouillards, et surtout les années humides. Nous remarquons très souvent que vers la fin de mai, après quinze jours et trois semaines de chaleur, il arrive une période froide ou pluvieuse, la végétation se ralentit, reste même comme paralysée; il en résulte que les fruits délicats se crevassent de toutes parts : dès cette époque, ils sont complètement perdus.

Les variétés qui souffrent le plus de cette maladie sont : le Doyenné d'hiver, le Beurré d'Hardenpont, le Saint-Germain, le Bon Chrétien d'hiver, la Bergamote Crassane, le Doyenné d'Alençon, même le Beurré gris. C'est pourquoi nous recommandons pour les climats des environs de Paris, de l'Est et de l'Ouest de la France, de réserver les murs aux expositions du midi et de l'est pour les variétés ci-dessus, et de les protéger en même temps contre les pluies, refroidissements subits de la nuit, par des chaperons ou des auvents en paille ou en planches.

Très souvent malheureusement ces moyens sont insuffisants, il faut avoir recours à l'emploi du sulfate de cuivre, qui donne des résultats excellents, lorsqu'il est employé d'abord comme préventif.

Nous donnons ici un procédé simple et fort peu coûteux, qui a été expérimenté, avec succès, sur des poiriers Doyenné d'hiver en contre-espalier et en fuseau, dans les pépinières de notre collègue M. Boucher, pendant le courant de l'année 1890. Une commission s'est même rendue sur place pour en constater les résultats, et un rapport favorable en a été fait par M. Abel Chatenay, secrétaire général de la Société d'Horticulture de France, dans le Bulletin du mois de décembre 1890.

Emploi du sulfate de cuivre contre la tavelure.

Lorsque les fruits atteignent la grosseur d'une noix, faire dissoudre du sulfate de cuivre, en proportion de 2 grammes par litre d'eau, et bassiner fortement toutes les parties de l'arbre ; environ trois semaines après, on procède à un second traitement dans la proportion de 3 à 4 grammes par litre d'eau. Enfin un troisième et un quatrième traitement auront lieu à intervalles successifs de 3 semaines, en augmentant la dose de un gramme chaque fois, ce qui la portera pour le dernier traitement à 5 ou 6 grammes par litre d'eau. On opérera toujours le soir et de préférence par un temps clair.

Des animaux nuisibles au Poirier.

Les oiseaux en grand nombre attaquent les poires; l'importance des dégâts qu'ils commettent est très grande, et les en éloigner n'est pas toujours facile; on emploie pour cela toutes sortes d'épouvantails auxquels ils s'habituent vite.

Les filets, les toiles très claires sont de bons préservatifs, mais demandent beaucoup de temps à placer, et empêchent la maturité des fruits. Ces moyens ne sont pas pratiques pour les arbres au plein vent. Les guirlandes de papier blanc, des chiffons rouges, noirs, des imitations d'oiseaux avec pomme de terre, 2 morceaux de verre suspendus de place en place sur les branches fruitières de l'arbre, au moyen de fils de coton : tous ces moyens réussissent assez bien, mais pendant peu de temps.

Un bon moyen pour préserver les boutons à fruits au moment de leur développement, et les fruits sur espalier, contre-espalier et pyramide, est d'enchevêtrer des fils de coton blanc, sur toutes les parties de l'arbre et dans toutes les directions. Un autre moyen très pratique, est de tirer des coups de fusil en l'air pour les effrayer.

Des loirs, rats et mulots.

Les loirs, les lérots et les rats causent de grands dégâts dans les jardins, ils attaquent tous les fruits, mais en particulier les pêches, les poires et les raisins; ils se réfugient pendant l'hiver dans les murs creux surtout quand ils sont en terre, et ils n'en sortent qu'au printemps.

On les détruit avec des assommoirs, ou avec des pièges amorcés d'appâts empoisonnés. Un moyen excellent consiste à casser 2 œufs, de les battre, d'y ajouter 5 grammes de noix vomique et d'en faire une omelette. Pour la cuisson, on y mettra le double de graisse que pour une omelette ordinaire, on la coupera ensuite par petits morceaux de la grosseur d'une noix, que l'on placera dans différents endroits, sur le passage des rongeurs, et dans les trous des murs principalement.

On emploiera ce moyen surtout au printemps lorsqu'ils commencent à sortir, ils sont affamés et se jettent sur cet appât avec avidité.

Pour la destruction des mulots, on placera au ras du sol et le long des murs, des cloches enterrées au niveau du terrain, dans lesquelles on mettra quelques litres d'eau et du charbon pilé pour en empêcher la décomposition. Ils s'y noieront très facilement.

Des taupes.

Les taupes creusent des galeries souterraines, détruisent quelques racines pour se livrer passage et font beaucoup de tort surtout aux jeunes arbres. Le meilleur moyen pour les détruire est de placer sur leur passage, 2 pièges en sens inverse, les crochets en dessus.

Des chenilles parasites du poirier.

Parmi les chenilles qui vivent sur le poirier, nous citerons : la chenille du bombyx chrysorrhée (*Bombyx*

Lipari.) Chrysorrhæa L. oucul-brun, la chenille à bague, chenille du bombyx livrée, *Bombyx Neustria L.*

Ces insectes dévorent complètement les feuilles des arbres, nuisent à leur végétation et compromettent la récolte.

Le meilleur moyen de se débarrasser des chenilles communes, c'est de détruire les nids dans le courant de l'hiver, et au commencement du printemps avant qu'elles ne se dispersent. On enlève à l'aide d'un échenilloir les nids qu'elles se sont préparés sur les arbres, et on les brûle aussitôt.

Lorsqu'elles sont jeunes, elles vivent en société, puis se dispersent ensuite ; à cette époque il est beaucoup plus difficile de les détruire, pour cela, on sera dans la nécessité de faire des dissolutions de savon vert, d'insecticide Fichet ou de jus de tabac, ou bien de les écraser.

Les *Bombyx Neustria* disposent leurs œufs en masse sous forme d'anneaux ou de bague autour des rameaux. Pour les détruire il ne faut pas se contenter, au moment de la taille, de couper le rameau et de le jeter par terre ; cela n'est pas suffisant, il faut le brûler, ou retirer les œufs qui l'entourent et les écraser sur une pierre ou sur un sol dur.

Zeuzera Æsculi.

La chenille de ce Lépidoptère nocturne vit en Europe dans le bois du poirier, du pommier, etc., où elle creuse des galeries et finit par faire des trous profonds qui amènent la perte de la branche ou de l'arbre.

Le meilleur moyen de s'en débarrasser est d'enlever à l'endroit où l'on aperçoit l'orifice par où sortent ses excréments, l'écorce déchirée, de prendre un fil de fer et de l'introduire dans le trou le plus profondément possible pour essayer de tuer l'insecte.

Ver des poires et des pommes (*Carpocapsa pomonella*).

La larve de cet insecte, que nous ne connaissons que trop, est celle qui perfore les poires et les pommes et en ravage l'intérieur, au grand préjudice de la valeur de ces fruits.

Pour préserver les poires à la surface desquelles ce petit papillon vient pondre, vers la fin du mois de mai, au commencement de juin, on bassinera les poiriers avec de l'eau vinaigrée à la dose d'un litre de vinaigre pour 60 litres d'eau, et le soir de préférence.

Dans un traité d'arboriculture générale, il serait à sa place ici de parler de l'utilité des oiseaux et de divers animaux : chauve-souris, hérisson, taupe, destructeurs des insectes nuisibles aux arbres fruitiers.

Mais nous devons nous borner à parler, dans ce volume, de ce qui a trait au Poirier, et au Poirier seulement. Pour cette question intéressant l'arboriculture, et même l'horticulture en général, nous renverrons au volume de cette Encyclopédie, où il doit être traité des Animaux nuisibles et utiles à l'horticulture, les Insectes exceptés.

Des perce-oreilles ou forficules.

On rencontre ces insectes en quantité sous les pierres, dans les lieux frais, dans les vieux murs, sous les vieilles écorces d'arbres ; ils détériorent beaucoup de fruits, notamment les pêches et les poires.

Un bon procédé pour les détruire c'est de suspendre le long des murs, des pots dans lesquels on met des petits paquets de mousse humide ou bien des tronçons de dahlia ou de sureau, longs de 20 à 25 centimètres, dont on a enlevé la moelle ; ou bien encore des salades dont ils sont très friands.

On leur fait la chasse tous les matins, en les faisant tomber dans un grand vase rempli d'eau.

Des guêpes.

Les guêpes sont nuisibles par les dégâts qu'elles causent dans nos jardins et nos vergers en dévorant nos plus belles poires jusqu'aux premiers froids.

Par les premiers beaux jours d'avril, les femelles

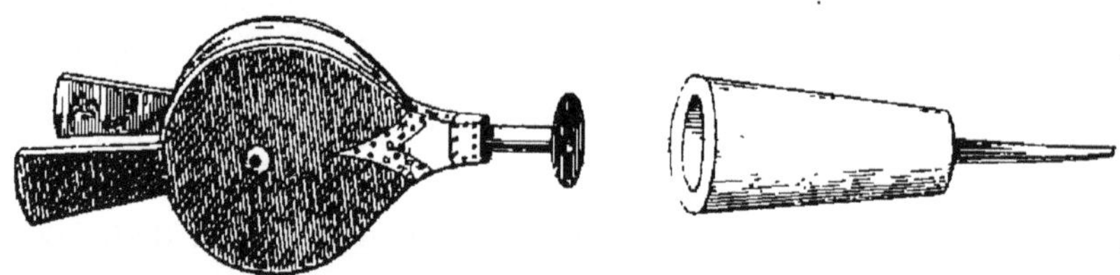

Fig. 111. — Enfumoir à soufflet pour la destruction des nids de guêpes.

apparaissent sur les vieux treillages des murs, sur les vieilles clôtures de planches, sur les tas d'échalas. Elles y viennent chercher du bois pourri pour construire leur nid : c'est le meilleur moment de les abattre et les écraser, ce sera autant de nids de détruits.

Au mois d'août, il n'en est plus de même, ce sont des nids achevés qu'il s'agit de détruire ; pour cela on se munit d'un enfumoir à soufflet (fig. 111) dans

lequel on met de petits morceaux de bois pourri et
bien sec ou des morceaux de liège, mélangés avec de
la fleur de soufre. On y met le feu et on fait agir
ensuite le soufflet; lorsque la fumée sort très épaisse,
on introduit la douille dans le trou du nid de guêpes
et on souffle vigoureusement. La fumée pénètre jusqu'à leur nid et les asphyxie presque instantané-
ment.

Ensuite on pioche le terrain et on met le nid à l'air:
on l'arrose avec un peu d'essence qu'on enflamme
aussitôt.

Il reste bien dehors une quantité plus ou moins
grande de guêpes, desquelles nous n'aurons pas à
nous inquiéter, elles sont condamnées à disparaître,
n'ayant plus ni mère, ni rayons pour les abriter. A
l'aide de ce procédé, on peut opérer à n'importe
quelle heure de la journée, car elles deviennent inof-
fensives.

On les détruit aussi avec des bouteilles suspendues
le long des espaliers, et remplies aux trois quarts
d'eau miellée, on les vide chaque fois qu'elles sont
pleines.

Des fourmis.

Les fourmis font beaucoup de tort aux arbres dès
le commencement de la végétation, en protégeant les
pucerons.

Un bon moyen de les détruire, c'est de suspendre
sur différentes parties de l'arbre de petites bouteilles remplies aux deux tiers d'eau miellée ou sucrée
dans lesquelles elles viennent se noyer. Si la four-
milière est un peu éloignée de l'arbre, on pourra la
détruire soit avec du pétrole, soit avec de l'eau bouil-

lante. L'insecticide Fichet employé en bassinage sur les jeunes bourgeons détruira les pucerons et éloignera les fourmis ; on procédera à une seconde opération à deux ou trois jours d'intervalle pour les faire disparaître entièrement.

La tenthrède limace ou sangsue (*Tenthreda adumbrata. Klug*).

La sangsue ou limace est la larve d'un Hyménoptère du genre Tenthreda de couleur noirâtre recouverte d'une matière visqueuse et luisante. Par sa forme, elle a beaucoup de ressemblance avec un petit têtard.

Elle cause de grands ravages sur les poiriers pendant les mois d'août, septembre et octobre ; elle apparaît sur le dessus des feuilles qu'elle ronge complètement, en ne laissant que les nervures. A la chute des feuilles, elle se roule dans une petite motte de terre pour se métamorphoser au printemps.

Lorsque ces larves apparaissent en grand nombre sur un arbre, elles en détruisent toutes les feuilles au point d'arrêter la végétation et de faire tomber les fruits.

A l'aide du soufflet ventilateur, on les détruit très facilement en saupoudrant les arbres attaqués de chaux vive en poudre, de fleur de soufre, ou en pulvérisant sur l'arbre de l'insecticide Fichet au 50e, ou de l'eau de jus de tabac.

Des hannetons et des vers blancs.

Les hannetons sont à redouter par les dégâts qu'ils causent au poirier, ainsi qu'à tous les arbres fruitiers, en mangeant leurs feuilles; mais leurs larves sont encore plus redoutables; aussi devons-nous, chaque printemps, leur faire une chasse acharnée pour arriver à les détruire.

Un bon moyen pour cela consiste à placer des toiles sous les arbres, et à les secouer ensuite pour y faire tomber tous les hannetons qui seront ramassés et détruits aussitôt; on évitera ainsi de grands ravages pour les années suivantes.

La larve du hanneton ou ver blanc attaque les sujets, aussi bien jeunes que vieux, ronge toutes les racines jusqu'au collet et finit par amener la perte de l'arbre. Très souvent on ne s'aperçoit du mal que lorsqu'il est fait.

Les salades, les fraisiers plantés près des arbres fruitiers serviront d'appât aux vers blancs, qui en sont très friands; dès qu'une plante fanera, on la soulèvera à la bêche et on détruira le ou les vers blancs qui la rongent. Si l'on s'aperçoit qu'un arbre fane, on creusera au pied en évitant de déranger les racines et on détruira tous les vers blancs que l'on y trouvera.

Les taupes font une guerre acharnée aux vers blancs, elles en détruisent une grande quantité.

Cetonia stictica. *Fabr.*

La *Cetonia stictica* appartient à la même famille que le hanneton, elle est appelée par Geoffroy « Drap mortuaire », à cause de sa ponctuation blanche sur un fond noir; comme forme, elle ressemble, en petit, au hanneton.

Les larves, semblables à de petits *vers blancs*, vivent dans les couches, au potager, dans les fraisiers, etc., elles mettent 2 ans à se développer et paraissent en mai, elles produisent beaucoup de dégâts au jardin, principalement sur les fleurs du poirier dont elles mangent les étamines. On les recueillera dans une boîte bien close pour les brûler aussitôt.

Des divers charançons du poirier.
Anthonome du poirier (*Anthonomus pyri*). *Schœnherr*.
(Charançon).

L'importance des dégâts commis sur les poiriers par cet insecte varie suivant les contrées, suivant les expositions et d'après la température.

La larve de l'anthonome du poirier éclôt au printemps dans l'intérieur du bouton à fleur et le fait avorter.

Vers la fin de juillet, la femelle perce le bouton à fruit devant fleurir l'année suivante, pour y déposer un œuf qui reste à l'état latent jusqu'au mois d'avril suivant. Huit jours avant la floraison, l'œuf donne naissance à une petite larve blanche vermiforme qui ronge l'intérieur du bouton ; celui-ci se dessèche et tombe.

Cette larve se métamorphose fin mai, commencement de juin, pour devenir insecte parfait et recommencer sa ponte à la fin de juillet pour l'année suivante.

Le seul moyen pratique de détruire cette larve, c'est, au moment de la floraison, de recueillir tous les boutons à fruits qui sont attaqués, et de les brûler.

Rynchite du poirier (*Rynchites Bacchus*). *Schœnherr*. (Charançon).

C'est un charançon d'un rouge cramoisi avec une teinte vert doré et long de 2 à 5 millimètres, dit vulgairement *Lisette*.

La femelle pond sur les petites poires à peine formées un seul œuf le plus souvent, rarement deux. La larve, une fois éclose, occupe l'intérieur du fruit et s'y développe. Sa présence est décelée par un trou d'où sort une matière noire et visqueuse provenant de ses déjections. Le fruit tombe à peine gros comme une noisette, la larve en sort et rentre en terre pour se transformer.

La lisette ou coupe-bourgeon (*Rynchites conicus. Herbst*).

C'est un charançon long de 3 à 5 millimètres d'un beau bleu foncé. La femelle commet sur le poirier des dégâts considérables en coupant les jeunes bourgeons terminaux qui ne sont encore qu'à l'état herbacé, en vue d'y déposer ses œufs. Certains praticiens regardent cet insecte comme peu nuisible, et prétendent qu'il a enseigné le pincement des arbres fruitiers. La partie du bourgeon coupée et dans lequel se trouve l'œuf sera ramassée avec soin et brûlée ensuite. La partie restante du bourgeon sera rafraîchie à l'aide de l'épluchoir sur un œil bien constitué au-dessous de la plaie faite par l'insecte.

Cet insecte cause ainsi des ravages très préjudiciables aux jeunes poiriers dans les pépinières en coupant les jeunes greffes à leur développement.

Un bon moyen de détruire les lisettes est de placer une toile sous l'arbre, de le secouer fortement pour les faire tomber et de les écraser ensuite.

Cecydomyie noire (*Cecydomyia nigra*, *Meigen*.).

Ce diptère, au moment de la floraison du poirier, pond plusieurs œufs dans l'intérieur d'un bouton floral : les larves éclosent et pénètrent dans l'ovaire. Le jeune fruit se développe, mais se déforme bientôt (Calebasse) et tombe plein d'une quantité de petits vers blanchâtres qui s'enfoncent en terre pour se transformer en insectes parfaits. Toutes les poires calebassées devront être enlevées, écrasées et brûlées pendant que les larves sont encore à l'intérieur du fruit.

Des pucerons.

Les pucerons se portent principalement sur les jeunes feuilles du poirier et sur l'extrémité des jeunes bourgeons dont ils sucent les tissus au point de les déformer et d'entraver la végétation.

Il est donc de toute utilité de les détruire, nous donnons ci-dessous des procédés très simples et très efficaces.

On pourra employer l'insecticide Fichet au cinquantième, soit un litre de ce produit pour 50 litres d'eau ; ou bien encore le jus de tabac au quinzième soit un litre de jus pour 15 litres d'eau. On pulvérisera les arbres avec l'un ou l'autre de ces mélanges, le soir de préférence entre 6 et 8 heures.

Le lendemain matin, de bonne heure, les arbres qui ont été bassinés la veille seront lavés à l'eau claire ; de la sorte, on évitera l'action des rayons solaires sur les bourgeons tendres traités la veille.

L'eau de savon noir, dans les proportions de 75 à 80 grammes par 100 litres d'eau, donne aussi de très bons résultats.

Le tigre du poirier (*Tingis pyri*. Serville).

Le tigre du Poirier est un Hémiptère, une punaise, souvent confondue avec le tigre sur bois des praticiens qui est une cochenille Kermès (*Kermes piri* L. *Lecanium*), qui s'attache aux branches de charpente et aux branches fruitières du poirier, en couches tellement épaisses, qu'il amène la mort de l'arbre. Le meilleur moyen pour le faire disparaitre consiste, pendant le courant de l'hiver, à brosser à sec toutes les branches qui en sont atteintes et de les badigeonner ensuite, à l'aide de l'une ou l'autre des formules suivantes :

La première formule est composée de chaux, de savon noir et de jus de tabac d'après les dosages suivants :

Pour 8 litres d'eau 500 grammes de savon noir ;
— 1 kilo de chaux vive.
— 1/2 litre de jus de tabac de 12 à 15 degrés.

D'une part on délaye les 500 grammes de savon noir dans 4 litres d'eau que l'on verse goutte à goutte.

D'autre part on met un kilo de chaux vive dans un autre récipient en versant au-dessus un peu d'eau pour la faire hydrater (réduire en poudre); on y ajoute les 4 autres litres d'eau et le 1/2 litre de jus de tabac. On mélange ensuite ce lait de chaux au savon noir délayé.

Si les arbres sont complètement couverts d'insectes, on doublera la dose de savon noir et de chaux et on mettra 80 centilitres de jus de tabac.

La deuxième formule est composée de chaux mélangée de fleur de soufre.

Pour 12 litres d'eau, on met 2 kilos de chaux grasse et 500 grammes de fleur de soufre, on fait bouillir le tout ensemble pendant 20 minutes. On attend que cette dissolution soit refroidie pour l'employer, dans la crainte de brûler les écorces. Il est bien entendu que l'on emploiera ces deux genres de lessivages à l'aide d'un pinceau, et, nous le répétons encore une fois, depuis le moment où les arbres sont complètement dépourvus de feuilles, jusqu'au moment de la pousse.

Des cochenilles et punaises.

On les trouve sur la charpente et sur les branches à fruits du poirier, pendant le courant de l'hiver jusqu'au printemps ; dans le courant de l'été, elles apparaissent sur les feuilles et y restent jusqu'à l'automne. S'il en existe beaucoup, le meilleur moyen de les détruire serait de brosser l'arbre aussitôt après la taille et de le badigeonner ensuite à l'aide de l'une ou l'autre des formules décrites pour la destruction du Kermès.

Si l'on n'en rencontre qu'une petite quantité, on les écrasera avec les doigts pendant le courant d'avril-mai.

Acariens de la Grise (*Tétranychus*).

Lorsque l'Acarien de la Grise se rencontre en quantité sur le poirier, il lui fait un tort considérable. Il apparaît pendant les années sèches et surtout sur les poiriers placés le long des murs, aux expositions du sud et de l'est.

Il attaque surtout la face inférieure des feuilles qui se dessèchent et finissent par tomber. Pendant le courant de l'été, si les feuilles de nos poiriers ont une apparence fanée et qu'elles prennent une teinte blanchâtre, en regardant sous les feuilles, on aperçoit un nombre considérable de ces insectes.

Le meilleur moyen de les détruire, est de pulvériser sur les arbres du jus de tabac en le lançant sous les feuilles, on procédera à une seconde opération 3 ou 4 jours après ; et ensuite, pendant toute la durée de la sécheresse, on bassinera les arbres tous les soirs avec de l'eau claire, ce sera le meilleur moyen de s'en débarrasser. Nous avons remarqué, dans les premiers jours de printemps, au commencement de la végétation que la tige et les branches de certains poiriers étaient littéralement couvertes d'acariens d'un beau rouge velouté, tirant sur le pourpre : ce sont encore des *Tetranychus*, qui, d'après ce que nous a dit M. Heim, représentent les adultes de l'Acarien de la Grise, colorés probablement par les pigments absorbés avec les sucs végétaux. La coloration des femelles pondeuses est surtout intense. Il semble donc bien que cette Araignée rouge des horticulteurs ne constitue avec le Tétranyque de la Grise qu'une seule et même espèce, dont les larves et les nymphes sont presque incolores, les adultes d'autant plus colorés qu'ils ont plus absorbé de nourriture, c'est-à-dire qu'ils sont plus âgés. On conseille généralement de s'en débarrasser par un badigeonnage à la chaux mélangée de fleur de soufre, formule décrite ci-dessus. Si les yeux qui se développent en bourgeons en étaient garnis, on emploierait le même liquide en pulvérisation, après l'avoir étendu de 80 parties d'eau, c'est-à-dire que l'on mélangerait un litre de ce produit dans 80 litres d'eau.

On procédera à cette opération avant le lever du soleil ou le soir à son coucher. Il importe de ne pas confondre cette Araignée rouge des praticiens avec le Rouget; *Trombidium holosericeum*, qui peut se rencontrer, à l'état adulte, sur le Poirier et une foule d'autres plantes, ainsi que les espèces voisines du même genre. Ces espèces se distinguent facilement des Tetranyques par leur taille. Ils sont nettement visibles à l'œil nu, tandis que les premiers ne se distinguent guère, à l'œil nu, que sous forme de petits points mobiles. Les Trombidions ont d'ailleurs une magnifique teinte rouge, écarlate ou vermillon, très différente de la teinte violacée de l'Araignée rouge.

Des limaces et des limaçons.

Ces mollusques mangent les jeunes pousses, les feuilles, et attaquent même les fruits avant qu'ils ne soient mûrs, ils ne voyagent que la nuit ou par un temps humide. On leur fera la chasse de préférence matin et soir. Pour les éloigner, on répandra sur leur passage de la chaux vive en poudre, de la suie, du sel, de la sciure de bois. L'opération sera renouvelée après chaque pluie et chaque fois que le besoin s'en fera sentir. Si au contraire, on veut en prendre davantage, pour les attirer, on sèmera du son bien sec sur leur passage.

DE LA RÉCOLTE ET DE LA CONSERVATION DES FRUITS

De la cueillette des poires.

La cueillette des poires est une opération des plus importantes, elle demande beaucoup de soins et de grandes connaissances. Il s'agit d'en saisir le moment opportun, ce qui ne s'acquiert qu'à la suite d'une longe expérience pratique : c'est pourquoi nous laisserons l'arboriculteur agir d'après son expérience, et nous nous bornerons à donner à l'amateur quelques principes généraux.

L'époque de la cueillette varie selon la nature du sol, selon la température de l'année et selon les expositions.

Les poires d'été se cueillent six à huit jours avant leur maturité, elles se mangent pour ainsi dire sur l'arbre. Lorsque l'on voit que la poire arrive à son maximum de grosseur et qu'elle commence à prendre une teinte claire ; c'est le moment favorable pour la cueillir.

Les variétés de poires d'automne, telles que : Louise bonne, Beurré superfin, Fondante des Bois, Doy. du Comice, Beurré Clairgeau, Duchesse d'Angoulême, Charles Ernest, Beurré Bachelier etc., seront cueillies dix à quinze jours avant leur maturité.

Nous conseillons aussi de les entrecueillir, c'est-à-dire que, sur un arbre ayant 50 fruits, devant être cueillis vers le 1er octobre, on en cueillera 25 vers le 15 septembre. De cette manière, ceux qui resteront sur l'arbre profiteront davantage et ceux qui auront été cueillis par anticipation se conserveront souvent plus longtemps. Ce procédé est surtout recommandable pour les variétés de fin automne.

Les poires d'été, comme celles d'automne, seront portées aussitôt au fruitier ou à la cave et surveillées attentivement pour être consommées au fur et à mesure de leur maturité. Pour les variétés de poires d'hiver mûrissant le plus tôt telles que : Beurré Diel, Passe Colmar, Saint Germain d'hiver, La France, Beurré Sterckmans, la cueillette en variera selon la contrée du 1er au 15 octobre.

Quant aux dernières variétés de poires d'hiver telles que : Beurré d'Hardenpont, Doyenné d'Alençon, Olivier de Serres, Passe Crassane, Le Lectier, Charles Cognée, Joséphine de Malines, Bon chrétien d'hiver, Bergamote Esperen, Bergamote Hertrick, Triomphe de Tournai, Prince Napoléon, Doyenné d'hiver, la cueillette se fera une dizaine de jours après l'arrêt complet du grossissement du fruit : du 15 au 31 octobre, même dans les premiers jours de novembre. En cas de fortes gelées blanches, on les cueillerait un peu plus tôt.

Veut-on un bon indice précurseur de la cueillette des fruits? Lorsqu'on s'aperçoit, sur tel ou tel arbre, que quelques poires commencent à tomber, on fait immédiatement la récolte; celles qui ne se détachent que très difficilement, seront cueillies quelques jours plus tard.

Si le fruit est cueilli trop tôt, il se fane, il se ride et perd de ses qualités; si, au contraire, il est cueilli trop tard, il entre en voie de fermentation étant sur l'arbre et se conserve beaucoup moins bien.

Sous aucun prétexte, on ne doit tâter la poire en

la cueillant, dans la crainte d'en fouler la chair, ce qui occasionne la pourriture.

On fera la cueillette des poires d'hiver par un temps bien sec, une journée d'automne bien ensoleillée, si possible; on ne commencera que lorsque la rosée aura complètement disparu entre dix ou onze heures du matin, pour terminer entre trois et quatre heures du soir.

Pour cueillir une poire sans casser le pédoncule, on la soulève légèrement avec la main tout en opérant, avec le pouce, une légère pression sur le pédicelle pour le séparer de son point d'attache sur la bourse. Aussitôt cueillies, on les dépose avec beaucoup de précautions dans des paniers ou mannettes, dont on aura garni le fond de foin ou de rognures de papier; pour éviter de les froisser, on ne mettra tout au plus que deux rangs de fruits l'un sur l'autre.

Les fruits seront ensuite portés dans une chambre bien aérée pour les faire ressuyer aussi vite que possible. Ils seront déposés sur un lit de fougère placé sur le sol, ou bien sur des planches ayant un bord de 2 centimètres, ou sur des tables disposées à cet effet. On se gardera bien d'essuyer les fruits cueillis par la pluie.

Après une dizaine de jours, on les transportera au fruitier; on profitera de ce changement de local, pour enlever les fruits tachés et meurtris et les placer séparément.

De l'emplacement du fruitier et de la conservation des poires.

N'ayant à nous occuper ici que de la conservation des poires, nous ne donnerons que quelques renseignements très brefs sur l'établissement du fruitier.

Pour les personnes qui récoltent beaucoup de fruits d'hiver, l'établissement d'un fruitier devient une chose indispensable. On l'installera dans un endroit, à l'abri de l'humidité, du froid et de la chaleur. Le meilleur emplacement pour cela sera une pièce située au rez-de-chaussée et au nord de préférence, dans laquelle on devra toujours avoir une température à peu près régulière, de 3 à 6 degrés centigrades au-dessus de zéro. Pour obtenir cette température, la construction de murs très épais s'impose.

Le procédé par excellence, que nous ne saurions trop recommander aux personnes soucieuses de la bonne conservation de leurs fruits, serait de diviser le fruitier en 2 parties bien distinctes, communiquant ensemble par une porte ou une double porte que l'on fermera hermétiquement, pour éviter que les gaz qui se dégageront des fruits d'automne, ne hâtent la maturation des fruits d'hiver. On placera, dans la division du fond, tous les fruits d'hiver auxquels on donnera de l'air le plus souvent possible, jusqu'à ce que les froids viennent s'y opposer. Quant aux fruits d'automne, l'air et la lumière ne feront que favoriser leur conservation : ils n'en auront jamais trop.

Il serait aussi très utile de construire, à la distance de 20 à 25 centimètres du mur extérieur, une cloison ou mur de refend très mince, dans lequel on percerait 2 ou 3 ouvertures, ce qui formerait une sorte de couloir. Ceci fait on établirait l'entrée du côté nord de préférence, et on pratiquerait dans les murs est et ouest, à la hauteur de 80 centimètres à 1 mètre, une ouverture large de 50 à 60 centimètres pour faciliter le renouvellement de l'air et permettre à la lumière d'y pénétrer un peu.

L'air du fruitier sera renouvelé le plus souvent possible, comme nous l'avons dit plus haut. On profitera pour cela, d'un temps sec et doux et vers le milieu de la journée, pour ouvrir alternativement les fenêtres des murs extérieurs et celles de la cloison : c'est un bon moyen pour enlever l'humidité qui pourrait s'y trouver.

A moins de trop grands froids, ou de grande humidité, ce qui pourrait compromettre la conservation des fruits, on se dispensera, autant que possible, d'y faire du feu.

Les tablettes sur lesquelles on placera les fruits, seront faites avec du bois bien sec, chêne ou acacia, au besoin du sapin. On leur donnera 50 à 60 centimètres de largeur au plus pour faciliter le placement et la surveillance des fruits. Les rangs de tablettes seront disposés tout autour des murs. Les uns au-dessus des autres, le premier à 30 centimètres du sol et les autres distancés entre eux de 30 centimètres. Les rangs seront placés horizontalement, tous ceux de la partie supérieure, à partir de 1,30 de hauteur, seront inclinés légèrement en avant, ce qui facilitera la surveillance des fruits.

Une petite tringle sera clouée sur les planches, en avant de chaque rangée de fruits, pour les empêcher de rouler en avant.

Les fruits seront placés debout, les uns à côté des autres sans se toucher, par espèce et par ordre de maturité, chaque espèce bien étiquetée.

Le fruitier exige de grands soins et une grand propreté, aussi le visiterons-nous assez souvent ; on n'y laissera aucun légume susceptible d'entrer en fermentation de même que l'on enlèvera tous les fruits tachés qui commenceraient à entrer en décomposition ; on n'essuyera les fruits que lorsqu'ils seront pour être présentés sur la table seulement.

Il est très facile de reconnaître une poire lorsqu'elle est sur le point d'arriver à maturité ; elle commence par prendre une teinte jaunâtre. En ce cas on fait avec le pouce une légère pression sur la chair près du pédoncule, s'il y a résistance, le fruit n'est pas assez avancé ; si au contraire la chair cède sous la pression, le fruit est à point, par conséquent bon à manger.

Nous allons donner quelques explications sur une installation intérieure de fruitier, très en usage actuellement, nous disons même très recommandable aussi bien par sa légèreté que par sa forme.

Dans ce système d'installation, les tablettes sont à claire-voie et en pente. La fig. 112 nous représente le profil des étagères placées les unes au-dessus des autres et ayant entre elles une distance de 35 à 40 centimètres.

La lettre C nous montre le poteau sur lequel sont fixées les étagères.

En D nous voyons les traverses fixées au poteau par leur partie supérieure et maintenues à la base à l'aide de supports EE.

Les tringles GG disposées à recevoir les fruits, sont placées sur les parties entaillées des traverses D.

Deux tringles sont nécessaires pour placer un rang de fruits ; la largeur de chaque tringle est de 0,02 centimètres au carré et l'écartement entre elles de 0 m. 035 millimètres.

Comme nous le voyons ci-dessus, l'installation de ce fruitier est fort bien comprise, elle permet en outre l'examen des fruits sur les tablettes d'un seul coup d'œil.

Nous conseillons aux amateurs qui n'ont pas de fruitier, et qui doivent cependant conserver lèurs fruits d'hiver, de les placer dans une cave, ou

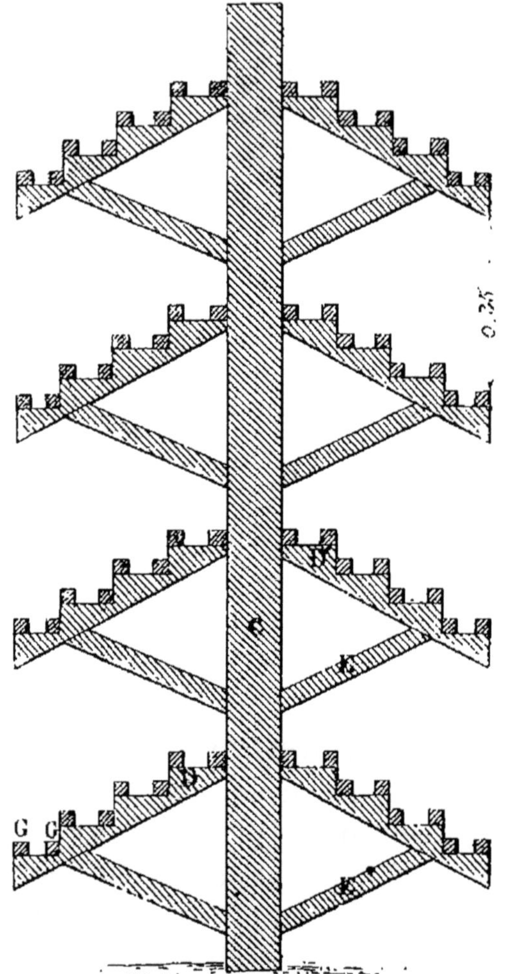

Fig. 112. — Installation intérieure de fruitier.

dans des placards, armoires ou commodes, etc., à une température se rapprochant le plus possible de celle que doit avoir un fruitier (de 3 à 6 degrés centigrades) et hors d'atteinte des animaux rongeurs.

Un genre de fruitier portatif, peu coûteux, très pratique et très simple, a été imaginé par Mathieu de Dombasle.

On construit pour cela des caisses de dimensions égales, chacune de ces caisses aura 10 centimètres de hauteur, 65 centimètres de longueur et 45 de largeur, et sans couvercle.

Sur les bords extérieurs de la caisse, et au milieu de chacun des 4 côtés, on placera des petits tasseaux destinés à servir de poignée pour transporter et changer les caisses de place.

Un seul de ces tasseaux dépassera le bord supérieur de la caisse et servira d'arrêt pour les adapter les unes sur les autres. On peut ainsi empiler 10, 12 et même 15 caisses, la dernière seule aura un couvercle.

Par ce procédé très ingénieux et fort peu coûteux, les caisses n'occupent que très peu de place et sont très faciles à garantir des fortes gelées, en plaçant autour des paillassons, des couvertures. En cas de fortes gelées, on enveloppera les caisses de paille bien sèche.

Pour visiter les fruits, on commencera par la caisse supérieure de la pile que l'on descendra et que l'on placera ensuite à côté de soi ; les autres seront visitées également et replacées les unes au-dessus des autres ; de la sorte elles formeront une autre pile en sens inverse de la première.

De l'emballage des poires.

L'emballage des fruits, poires et pommes, est un travail fort simple, mais qui demande cependant une grande attention.

Combien de fruits nous arrivent à la suite d'un court voyage, meurtris et tachés, par le manque de soin apporté à l'emballage.

S'il s'agit d'un long voyage, on prend des mannettes, dans le fond desquelles on met un bon lit de rognures de papier, à défaut de papier, du foin ou du regain ; on place les poires les unes à côté des autres en évitant qu'elles ne se touchent. Le premier rang placé, on met entre elles un peu de rognures de papier pour remplir toutes les cavités. Ceci fait, on place un second lit de papier ou regain, sur lequel on remet un second lit de poires et ainsi de suite jusqu'au bord de la mannette. On recouvre le dernier rang de fruits d'un bon lit de papier et de paille en-dessus, on ferme et on attache le couvercle. Il est essentiel de serrer très fortement pour éviter le ballottage des fruits ce qui occasionne la meurtrissure.

Si les poires sont un peu avancées ou si elles ont à supporter un long voyage, il sera prudent que chacune d'elles soit enveloppée dans une feuille de papier de soie.

Il va sans dire que l'on mettra les fruits les plus avancés en haut du panier.

CHOIX DES MEILLEURES VARIÉTÉS DE POIRES
A CULTIVER DANS UN JARDIN FRUITIER

Le nombre des variétés de poires connues et cultivées est considérable ; nous n'en citerons ici qu'une cinquantaine de variétés parmi les plus recommandables tant au point de vue de la qualité que de la fertilité.

Pour un amateur, ne possédant qu'un jardin de petite étendue, ce nombre lui sera très suffisant.

En été comme en automne, nous ne manquons pas de fruits de toutes sortes : cerises, abricots, pêches, prunes, raisins, etc. ; aussi ne saurions-nous trop conseiller de ne planter qu'un nombre relativement restreint de variétés d'été et d'automne, pour s'attacher de préférence aux fruits de longue garde. Parmi ces fruits, certains comme : Doyenné d'hiver, Bergamote Esperen, Charles Cognée, peuvent se conserver jusqu'aux mois d'avril, mai, de l'année suivante, surtout s'ils ont été cueillis avec soin et placés dans un fruitier remplissant les conditions nécessaires à leur bonne conservation.

Quant aux amateurs ayant le désir de posséder une grande collection de poires, nous les engageons à jeter un coup d'œil chaque année sur les catalogues des pépiniéristes : ils y trouveront un certain nombre de variétés nouvelles qu'ils seront à même d'étudier et d'apprécier.

Fruits locaux.

Un bon nombre de variétés fruitières sont, pour ainsi dire, localisées dans certaines contrées; aussi les amateurs n'habitant pas la région parisienne seront peut-être surpris de ne pas voir figurer dans la liste des fruits que nous recommandons, quelques variétés qu'ils considèrent avec raison comme excellentes sous tous rapports. A cela nous répondrons : il est un fait certain; c'est que les fruits pourraient être classés par régions, leur qualité variant avec le climat et le terrain où ils sont cultivés.

Parmi ceux-ci nous citerons : la Calebasse, de Tirlemont; le Beurré Durondeau, des Flamands; le Beurré de Luçon, de la Vendée; un grand nombre de fruits lyonnais, nantais, etc., qui, excellents dans leurs contrées respectives, laissent beaucoup à désirer, sous le rapport de la vigueur des arbres, de la grosseur et de la saveur des fruits, lorsqu'ils sont cultivés dans d'autres régions.

Variétés commerciales.

Les fruits cultivés au point de vue de la spéculation et destinés à l'approvisionnement des marchés, se bornent à un nombre très restreint. Quand nous aurons cité les variétés William, Louise bonne, Duchesse, Beurré Magnifique, Doyenné du Comice, Beurré d'Arenberg, Passe Crassane, Doyenné d'hiver, nous aurons à vrai dire énuméré en partie les fruits dont la vente assurée est la plus fructueuse pour le cultivateur. Bon nombre d'autres fruits pourraient sans doute rivaliser avec ces variétés populaires ; mais il est très long et très difficile de répandre un nouveau fruit dans le commerce de l'alimentation. Nous citerons comme exemple le Doyenné du Comice et la Passe Crassane, aujourd'hui si estimés, qui ont mis plus de 30 ans à se faire apprécier sur nos marchés.

Variétés de poires de table pour la culture à haute tige.

Épargne.
Beurré Giffard.
Beurré d'Amanlis.
Beurré Hardy.
Louise bonne d'Avranches.
Beurré d'Angleterre.
Conseiller de la Cour.
Doyenné du Comice.
Beurré Diel ou Magnifique.

La France.
Duchesse d'Angoulême.
Curé.
Triomphe de Jodoigne.
Passe Colmar.
Doyenné d'Alençon.
Bergamote Esperen.

A CUIRE

Martin sec.
Messire Jean.

Clef dichotomique des maladies du poirier.

Extrait de l'ouvrage de M. Sirodot : *Maladies des arbres fruitiers.*

1° SUR LES FEUILLES

taches existant — noires — persistantes :

Feutrage de poils jaunâtres ou brunâtres, à la face inf. — *Erineum pirinum.*

avec épaississement (tache jaune rouge-carmin sur les jeunes feuilles. — *Phytoptus Piri.*

sans épaississement, taches de 2 à 3 millim. de diamètre — *Cemiostoma scitella.* ... 6 à 12 mill. aspect velouté — *Fusicladium pirinum.*

caduques produisant des trous sur le limbe, entourées d'un anneau épaissi, formé par des tissus subéreux.

jaunes, avec une plage centrale de petits points noirs (en automne petits tubercules coniques de couleur jaune sale à la face inf. de ces taches épaissies). — *Gymnosporangium Sabinæ.* — *Phlloc. Schlechtendali.*

blanchâtres pâles.

taches manquant :

vésicules ou boursouflures, feuilles cloquées. — *Exoascus bullatus.*

sans vésicules, feuilles recouvertes.. d'une taille blanchâtre, ressemblant à une fine toile d'araignée. — *Phyllactinia suffulta.*

d'un enduit noir. — *Fumagine.*

2° SUR LES BRANCHES ET LE TRONC

Fissures de l'écorce ordinairement déchiquetée, présentant souvent des petits tubercules roses ou rouge-brique, plus tard chancre avec la partie centrale présentant le bois à nu, bords de l'écorce épaissis en forme de bourrelets — *Nectria ditissima.*

3° SUR LES RACINES

sous l'écorce mycélium blanc, d'où partent des cordons........ bruns noirâtres de 0,3 à 0,5 mill. de diamètre. — *Agaricus melleus.* blancs de millim. de diamètre. — *Dematophora necatrix*

4° SUR LES FRUITS

Fruits craquelés, avec fentes plus ou moins profondes, — *Fusicladium pirinum.* couvertes de sortes de petits tubercules blanc jaunâtre, formés de petites touffes convexes de filaments. — *Monilia fructigena.*

Choix des meilleures variétés de poiriers à cultiver dans un jardin.

VARIÉTÉS	VOLUME	ÉPOQUE DE MATURITÉ	QUALITÉ	FORMES ET EXPOSITIONS
Doyenné de juillet......	petit	mi-juillet	très bon	Contre-espalier. Fuseau.
Beurré-Giffard.........	moyen	juillet-août	»	Contre-espalier. Fuseau. Pyramide
Epargne (cuisse madame)	»	»	bon	Vigoureux contre-espalier.
Clappps Favorite	gros	fin août	»	Vig. Contre-esp. Fuseau. Pyram.
Bon Chrétien William...	»	août-septembre	»	Vig., mur au nord. Fus. Pyram.
Doyenné de Mérode.....	»	»	»	Fertile. C.-esp., mur au N. Pyram.
Beurré d'Amanlis.......	»	septembre	»	Vig. Fert., mur au N. C.-esp. Pyr.
Beurré Hardy..........	»	»	très bon	» » » C.-esp. Fus P.
Madame Treyve	gros	»	»	» » » » » » » »
Triomphe de Vienne...	très gros	»	»	Assez vig. Fert. C.-esp. Fus. Pyr.
Fondante des Bois (Belle de Flandre)...........	gros et tr gros	septembre-octobre	»	» » C.-espal. Fuseau
Beurré superfin.........	assez gros	»	»	Vig. Fert. C.-espal. Pyr Fuseau.
Louisebonne d'Avranches	»	»	exquis	Assez fer., mur au N. C.-esp. Fus.
Pierre Tourrasse.......	gros	»	très bon	Fert. » » »
Délices d'Hardenpont...	assez gros	octobre	»	» Contre-esp. Fuseau. Pyram.
Conseiller de la Cour....	gros	»	bon	T. vig. Fert. C.-esp. Fus. Pyram.
Duchesse d'Angoulême..	»	octobre-novembre	»	Fert., mur au N. C. esp. Fus. Pyr.
Fondante Thirriot.....	»	»	très bon	Très fert. C.-esp. Fuseau. Pyram.
La France.............	assez gros	»	très bon	Fert. Contre esp. Fuseau. Pyram.
Beurré Dumont.........	gros	»	»	» » » »
Doyenné du Comice.....	»	»	exquis	Vig. Fert. C.-espal. Fuseau. Pyr.

Choix des meilleures variétés de poiriers à cultiver dans un jardin (*Suite*).

VARIÉTÉS	VOLUME	ÉPOQUE DE MATURITÉ	QUALITÉ	FORMES ET EXPOSITIONS
Charles Ernest..........	gros	octobre-décembre	bon	Très fort. C. esp. Fuseau. Pyram.
Soldat Laboureur.......	assez gros	»	très bon	Fert. » » »
B. Diel ou B. Magnifique	gros	novembre-décembre	bon	T. vig. fert.,mur au N. C.-esp. Pyr.
Beurré Bachelier........	»	octobre	bon ou t. bon	Très fort. C.-esp. Fuseau. Pyram.
Triomphe de Jodoigne ..	gros et tr. gros	novembre-décembre	bon	Très vig. » » »
Bergamote Crassane....	moyen	»	excellent	Fort., murs Est et Midi espalier.
Nec plus Meuris	gros	»	»	Fert. C.-espal. Fuseau. Pyramide.
Beurré d'Hardenpont ...	»	»	très bon	Vigour. espalier, murs Est et Midi.
Beurré Sterckmans......	assez gros	décembre-janvier	bon	Vig. Fort., mur ouest C.-esp. Pyr.
Bergamote Herault.....	moyen	»	très bon	Fertile Contre-espalier Pyramide.
Louise bonne Sannier...	»	»	bon	» » »
Saint-Germain d'hiver ..	»	»	»	» murs Est et Midi.
Le Lectier	gros	décembre-février	très bon	Contre-espalier. Fuseau. Pyram.
Passe Colmar	moyen	»	»	Très Fort. C.-esp. Fuseau. Pyram.
Passe Crassane	gros	janvier-février	»	» » » »
Madame du Puis........	»	janvier-mars	»	Fertile. Contre-espalier.
Doyenné d'hiver........	»	décembre-mai	»	» Murs Est et Midi espalier.
Duchesse de Bordeaux (Beurré Perrault).....	moyen	janvier-mars	très bon	» Espalier.
Doyenné d'Alençon.....	»	»	bon	Vigoureux espalier. C.-espalier.
Joséphine de Malines ...	»	»	très bon	Fertile espalier. »
Doyenné de Montjean...	assez gros	février-mars	bon	» » »

Choix des meilleures variétés de poiriers à cultiver dans un jardin *(Suite)*.

VARIÉTÉS	VOLUME	ÉPOQUE DE MATURITÉ	QUALITÉ	FORMES ET EXPOSITIONS
B. Henri de Courcelles..	moyen	février-mars	bon et tr. bon	Fertile espalier. Pyramide.
Charles Cognée.........	gros	»	»	Trèsfert.esp.C.-esp.Fuseau.Pyram
Olivier de Serres........	assez gros	»	très bon	Fert. esp. • » »
Suzette de Bavay	petit	février-avril	bon	Très fert. espal. C.-espal. Pyram.
Bergamote Hertrick....	moyen	mars-avril	»	Espalier. Contre-espalier.
Beurré de Naghin	»	»	»	Fert. espalier. C.-espalier. Pyram.
Prince Napoléon........	»	»	»	» » »
Bergamote Esperen.....	»	mars–mai	très bon	» » » Pyram

Variétés de poires à cuire.

VARIÉTÉS	VOLUME	DATE DE MATURITÉ	OBSERVATIONS
Curé............	gros	novembre-décembre	A cuire et à manger.
Calouet...................		novembre–janvier	A cuire.
Certau d'automne.........	assez gros	novembre	»
Messire Jean	»	»	»
D'Abbeville...............	»	janvier	»
Martin sec................	petit, moyen	décembre-janvier	»
...illac............	gros ou très gros	janvier–mars	».
...lle Angevine...........	très gros	hiver	Assez bonne à cuire, poire d'ornement.
...n chrétien d'hiver.......	gros	mars-mai	A cuire, assez bonne cru, espalier.

TABLE DES MATIÈRES

Origine du Poirier. Notice botanique...................... 1-7

Du Poirier en général et des sols favorables a sa culture 12

Des sols favorables à la culture du Poirier............ 14
Des arrosages dans la culture du Poirier.............. 16
De l'aération.............................. 16
De la lumière.............................. 17
De la chaleur.. 17
Multiplication du Poirier 18

Des différents engrais convenant a la culture du Poirier 19

Engrais solides 19
Engrais liquides 20
Des engrais chimiques........................ 21
Création du jardin fruitier..................... 21
Choix de l'exposition et du terrain 22
Des murs; leur construction.................... 23
Des treillages.............................. 24
Des abris................................. 25
Distribution du terrain 26
Préparation du sol 27
Du défoncement............................ 27
Défoncement d'un trou isolé.................... 29
Drainage et assainissement.................... 30
De la distance à observer entre les diverses formes de Poiriers........................... 31
De l'emploi des murs......................... 33
Choix des arbres pour plantation................. 33
De l'arrachage des arbres en pépinière et des soins à leur donner à la suite du voyage 34
Habillage de l'arbre......................... 35
De la plantation 36
De la transplantation des Poiriers formés 39

De l'utilité de la taille. — Bourgeons.................. 41
De la mise à fruit du Poirier................. 44
Des Poiriers donnant trop de fruits.................. 45
Des instruments utiles à la taille.................. 47
Des époques de la taille................. 49
Différentes manières de faire la coupe.................. 50
Répartition de la sève.................. 52

DES DIFFÉRENTS ORGANES DE LA BRANCHE CHARPENTIÈRE DU POIRIER ET DE LEUR TRAITEMENT.................. 54

Rapprochement.................. 66
Manière de rapprocher une pyramide.................. 66
Rajeunissement.................. 69
Recepage.................. 70
Entailles.................. 71
Incisions.................. 72
Incision longitudinale ordinaire.................. 72
Incision annulaire.................. 73
Éborgnage.................. 74
Arcure.................. 75
Du palissage.................. 75
De l'ébourgeonnement.................. 77
Du pincement.................. 79
Des règles générales à observer pour le pincement.... 79
Des bourgeons prenant naissance sur la branche charpentière.................. 81
Bourgeons prenant naissance sur la branche fruitière (ou coursonne).................. 84
Du faux bourgeon du Poirier.................. 88
De la nature du faux bourgeon.................. 88
De son emploi.................. 89
De la taille en vert.................. 92
De la taille d'août.................. 92
De la taille sur rides.................. 93
Du cassement.................. 93
De la castration des fleurs.................. 94
De l'effeuillage.................. 95
De l'éclaircie des fruits.................. 95

FORMATION DE LA PYRAMIDE.................. 97

Soins généraux à apporter sur la flèche et sur les branches latérales de la pyramide, au moment de la taille et pendant la végétation.................. 107
De la pyramide ailée.................. 110
De la restauration et des soins à donner aux vieux arbres.................. 112

De la formation du fuseau 113
Des diverses formes du Poirier en espalier............ 118
De la formation du cordon vertical 119
Du cordon oblique 121
Formation de l'U simple........................... 123
De l'U double 124
Du candélabre à trois branches.................... 126
Du candélabre à quatre branches.................. 128
Du candélabre à huit branches 129
De la palmette Verrier simple..................... 132
De la palmette Verrier double..................... 141
Formation de la palmette Cossonnet............... 144
Formation de la palmette sur tige.................. 146

DU CONTRE-ESPALIER........................... 152

Contre-espalier double (frère Henri) à quatre cordons... 155
Poiriers en cordons horizontaux.................... 156
Du cordon horizontal à branches opposées. 157
Cordon horizontal unilatéral 159
Du cordon horizontal superposé 161
Du Poirier en vase................................ 162
Formation du vase à cinq branches................. 162
Formation du vase à huit, dix et douze branches 166
Formation du vase à seize branches................. 169
De la culture du Poirier à haute tige au verger........ 172
Plantations du Poirier au verger 173
Choix des Poiriers................................ 174
Manière de planter............................... 175
Manière de protéger l'arbre....................... 175
Formation et taille du Poirier haute tige............ 176
Du Poirier en forme pyramide...................... 180
Restauration des Poiriers au plein vent............. 182
De la culture du Poirier à cidre sur les routes ou en
    bordure des champs............................ 183

DE LA GREFFE DU POIRIER........................ 187

Du greffage, de son utilité et des conditions pouvant as-
    surer sa reprise.............................. 189
Des instruments nécessaires à la greffe.............. 190
Des ligatures 191
Des genres de greffes les plus usités pour la reproduc-
    tion du Poirier............................... 192
Du greffage du Poirier en écusson.................. 192
De la greffe du Poirier à œil poussant.............. 193
De la greffe du Poirier en écusson à œil dormant....... 193
De la préparation des greffons...................... 195

De la manière de lever l'écusson...................... 196
De l'incision du sujet et de l'introduction de l'écusson .. 197
De l'écusson double opposé........................ 201
De la greffe du bouton à fruit...................... 202
De la greffe du Poirier par rameaux détachés........... 205
Du repos des rameaux greffons de Poirier.............. 205
De la greffe en fente du Poirier, à un seul rameau...... 207
De la greffe en fente du Poirier, à deux rameaux....... 210
De la greffe du Poirier en couronne.................. 211
De la greffe en couronne perfectionnée............... 213
Greffe du Poirier par rameaux sous écorce de côté...... 214
De la greffe du Poirier en fente à l'anglaise........... 216
De la greffe en approche du Poirier. Principes généraux. 217
De la greffe par approche ordinaire.................. 218
De la greffe par approche du Poirier avec bourgeon her-
    bacé en placage................................ 219
De la greffe par approche du Poirier avec bourgeon her-
    bacé en incrustation et en arc-boutant............... 220
Introduction du greffon............................ 222
De la greffe par approche sur le Poirier pour remplacer
    des branches manquantes......................... 223

Notions pratiques sur les maladies les plus communes du
Poirier..................................... 225

Des différentes causes accidentelles pouvant occa-
    sionner la perte du Poirier 225
Ulcère.. 227
Chancre.. 227
Chlorose 228
Mousses, lichens et plantes parasites................. 230
Brûlure du Poirier................................. 231
Rouille des feuilles................................ 231
Tavelure sur le Poirier............................. 232
Emploi du sulfate de cuivre contre la tavelure........ 233
Des animaux nuisibles au Poirier.................... 234
Des loirs, rats et mulots........................... 234
Des taupes.. 235
Des chenilles parasites du Poirier................... 235
Zeuzera Æsculi................................... 236
Ver des poires et des pommes 237
Des perce-oreilles ou forficules 237
Des guêpes.. 238
Des fourmis....................................... 239
La tenthrède limace ou sangsue... 240
Des hannetons et vers blancs....................... 240
Cetonia stictica................................... 241

Des divers charançons du Poirier................... 242
Anthonome du Poirier.......................... 242
Rynchite du Poirier............................ 243
La lisette ou coupe-bourgeon................... 243
Cecydomyie noire.............................. 244
Des pucerons.................................. 244
Le tigre du Poirier............................ 245
Des cochenilles et punaises.................... 246
Acariens de la Grise.......................... 247
Des limaces et limaçons........................ 248

DE LA RÉCOLTE ET DE LA CONSERVATION DES FRUITS........ 250

De la cueillette des poires..................... 250
De l'emplacement du fruitier et de la conservation des
    poires.................................... 252
De l'emballage des poires...................... 257

CHOIX DES MEILLEURES VARIÉTÉS DE POIRES A CULTIVER DANS
UN JARDIN FRUITIER.............................. 259

Fruits locaux................................. 260
Variétés commerciales......................... 260
Variétés de poires de table pour la culture à haute tige. 261
Clef dichotomique des maladies du Poirier........... 262
Tableau des meilleures variétés de choix à cultiver
    dans un jardin............................ 263
Variétés de poires à cuire..................... 265

8-95 PARIS. — IMPRIMERIE F. LEVÉ, 17, RUE CASSETTE.

www.ingramcontent.com/pod-product-compliance
Ingram Content Group UK Ltd.
Pitfield, Milton Keynes, MK11 3LW, UK
UKHW020131130726
13696UKWH00001B/309